"十二五"国家重点图书出版规划项目

水产养殖新技术推广指导用书

中国水产学会
全国水产技术推广总站　组织编写

小水体养殖

XIAOSHUITI YANGZHI

赵 刚 周 剑 林 珏 主编

海洋出版社

2014 年·北京

图书在版编目（CIP）数据

小水体养殖／赵刚，周剑，林珏主编. —北京：海洋出版社，2014.4

（水产养殖新技术推广指导用书）

ISBN 978 – 7 – 5027 – 8813 – 1

Ⅰ. ①小… Ⅱ. ①赵… ②周… ③林… Ⅲ. ①鱼类养殖–淡水养殖 Ⅳ. ①S964

中国版本图书馆 CIP 数据核字（2014）第 044697 号

责任编辑：常青青
责任印制：赵麟苏

海洋出版社 出版发行

http://www. oceanpress. com. cn

北京市海淀区大慧寺路 8 号 邮编：100081

北京旺都印务有限公司印刷 新华书店北京发行所经销

2014 年 4 月第 1 版 2014 年 4 月第 1 次印刷

开本：880mm×1230mm 1/32 印张：6.25

字数：168 千字 定价：18.00 元

发行部：62132549 邮购部：68038093 总编室：62114335

海洋版图书印、装错误可随时退换

《水产养殖新技术推广指导用书》
编委会

丛 书 序

我国的水产养殖自改革开放至今，高速发展成为世界第一养殖大国和大农业经济中的重要增长点，产业成效享誉世界。进入 21 世纪以来，我国的水产养殖继续保持着强劲的发展态势，为繁荣农村经济、扩大就业岗位、提高生活质量和国民健康水平作出了突出贡献，也为海、淡水渔业种质资源的可持续利用和保障"粮食安全"发挥了重要作用。

近 30 年来，随着我国水产养殖理论与技术的飞速发展，为养殖产业的进步提供了有力的支撑，尤其表现在应用技术处于国际先进水平，部分池塘、内湾和浅海养殖已达国际领先地位。但是，对照水产养殖业迅速发展的另一面，由于养殖面积无序扩大，养殖密度任意增高，带来了种质退化、病害流行、水域污染和养殖效益下降、产品质量安全等一系列令人堪忧的新问题，加之近年来不断从国际水产品贸易市场上传来技术壁垒的冲击，而使我国水产养殖业的持续发展面临空前挑战。

新世纪是将我国传统渔业推向一个全新发展的时期。当前，无论从保障食品与生态安全、节能减排、转变经济增长方式考虑，还是从构建现代渔业、建设社会主义新农村的长远目标出发，都对渔业科技进步和产业的可持续发展提出了更新、更高的要求。

渔业科技图书的出版，承载着新世纪的使命和时代责任，客观上要求科技读物成为面向全社会，普及新知识、努力提高渔民文化素养、推动产业高速持续发展的一支有生力量，也将成为渔业科技成果入户和展现渔业科技为社会不断输送新理念、新技术的重要工具，对基层水产技术推广体系建设、科技型渔民培训和产业的转型提升都将产生重要影响。

中国水产学会和海洋出版社长期致力于渔业科技成果的普及推广。目前在农业部渔业局和全国水产技术推广总站的大力支持下，近期出版了一批《水产养殖系列丛书》，受到广大养殖业者和社会各界的普遍欢迎，连续收到许多渔民朋友热情洋溢的来信和建议，为今后渔业科普读物的扩大出版发行积累了丰富经验。为了落实国家"科技兴渔"的战略方针、促进及时转化科技成果、普及养殖致富实用技术，全国水产技术推广总站、中国水产学会与海洋出版社紧密合作，共同邀请全国水产领域的院士、知名水产专家和生产一线具有丰富实践经验的技术人员，首先对行业发展方向和读者需求进行广泛调研，然后在相关科研院所和各省（市）水产技术推广部门的密切配合下，组织各专题的产学研精英共同策划、合作撰写、精心出版了这套《水产养殖新技术推广指导用书》。

本丛书具有以下特点：

（1）注重新技术，突出实用性。本丛书均由产学研有关专家组成的"三结合"编写小组集体撰写完成，在保证成书的科学性、专业性和趣味性的基础上，重点推介一线养殖业者最为关心的陆基工厂化养殖和海基生态养殖新技术。

（2）革新成书形式和内容，图说和实例设计新颖。本丛书精心设计了图说的形式，并辅以大量生产操作实例，方便渔民朋友阅读和理解，加快对新技术、新成果的消化与吸收。

（3）既重视时效性，又具有前瞻性。本丛书立足解决当前实际问题的同时，还着力推介资源节约、环境友好、质量安全、优质高效型渔业的理念和创建方法，以促进产业增长方式的根本转变，确保我国优质高效水产养殖业的可持续发展。

书中精选的养殖品种，绝大多数属于我国当前的主养品种，也有部分深受养殖业者和市场青睐的特色品种。推介的养殖技术与模式均为国家渔业部门主推的新技术和新模式。全书内容新颖、重点突出，较为全面地展示了养殖品种的特点、市场开发潜力、生物学与生态学知识、主体养殖模式，以及集约化与生态养殖理念指导下的苗种繁育技术、商品鱼养成技术、水质调控技术、营养和投饲技术、病害防控技术等，还介绍了养殖品种的捕捞、运输、上市以及在健康养殖、无公害养殖、理性消费思路指导下的有关科技知识。

本丛书的出版，可供水产技术推广、渔民技能培训、职业技能鉴定、渔业科技入户使用，也可以作为大、中专院校师生养殖实习的参考用书。

衷心祝贺丛书的隆重出版，盼望它能够成长为广大渔民掌握科技知识、增收致富的好帮手，成为广大热爱水产养殖人士的良师益友。

中国工程院院士

2010 年 11 月 16 日

前　言

　　我国水域资源、水产资源丰富，具有悠久的养殖历史和精湛的养殖技术，水产养殖产量居世界第一，约占 70%。水产养殖在农业中的地位非常重要，在许多地方已成为农民增收致富奔小康的重要途径。小水体（堰塘、稻田、山塘、小型水库和小型湖泊等）养殖是我国传统人工水产养殖的重要方式，也是我国淡水渔业的重要组成部分。我国小水体水域约占淡水养殖水面的 15%，产量约占淡水养殖的 58%。小水体养殖的优势在于其水体数量多、分布广、养殖产量高、生产规模灵活、经济效益高、生态效益好、便于管理，且不需要很大的水资源，在没有较大自然水面的平原农区，积极发展小水体养殖，充分发挥传统渔业优势，有着极其重要的作用，也将成为社会主义新农村建设中的一个重要环节。

　　小水体的面积大小不等，一般介于池塘与中型水体之间，因此它既有池塘的某些特性，又有中型水体的一些优越性，具有综合开发及发展生态渔业的优越条件，这些都是池塘和中型水体难以相比的。小水体养殖的重要意义与作用主要在于：①有利于发展健康养殖。小水体养殖是人工水产养殖的重要方式，由于养殖水体小，便于管理，水质易控制，有利于发展健康养殖；②充分挖掘渔业发展资源。发展小水体养殖对自然资源、资金设备等条件要求不高，且具有良好的群众基础和技术基础，在全国各地、城镇乡村均可推广，能充分挖掘渔业资源；③是农业结构调整的重要内容。多年的实践证明，渔业发展具有投资少，见效快，效益高的优势，因地制宜大力发展渔业，既能优化产业布局，又可提高经济效益，既能吸纳农村剩余劳动力，又能合理开发利用国土资源，对发展地方经济，优化经济结构，为广大群众提供更多、更好的水产品，更大程度地丰富群众的"菜篮子"；④是农民增收脱贫致富奔小康的重要途径。小水体养殖投资小，见效快，可作为广大农民脱贫致富、城镇下岗职工再就业的重要来源。

小水体养殖自从发展以来，得到了各地政府及水产部门大力推广，不仅在增加养殖户收入、解决就业问题方面成效显著，且在一定程度上优化了水产品结构，显示出良好的社会效益和经济效益。在长期的实践过程中，小水体养殖已经形成一套较为完整而成熟的技术体系和管理体系。为配合国家建设社会主义新农村政策的实施、满足水产养殖行业发展和广大养殖户的需要，我们通过自身实践总结，并结合国内近年来资料写了《小水体养殖》一书。

《小水体养殖》在编写时，坚持以水产养殖专业基础知识的"健康、生态、必需、够用"为原则，从养殖品种的生物学特性、养殖水域的生态环境与控制、营养和饲料进行了介绍，注重阐述小水体养殖方式、传统及名优淡水品种的鱼苗培育及成鱼养殖、鱼病防治等技术。另外，由于南北地区淡水水域环境有所差异，小水体养殖的品种也有所区别。

《小水体养殖》在编写过程中，参考了同行专家的一些文献资料，在此，我们谨向这些作者表示诚挚的谢意！

本书涉及面广，加之编者水平有限，书中不足之处在所难免，恳请广大读者批评指正。

编　者
2011 年 8 月

目　录

绪　　论

　　我国是世界上从事水产养殖历史最悠久的国家之一，养殖经验丰富，养殖技术普及。改革开放以来，我国水产养殖业获得了迅猛发展，水产品总产量连续多年居世界首位，以占世界 6.7% 的淡水面积生产了占世界 43.5% 以上的淡水养殖产量。水产养殖业确立了以养为主的发展方针，产业布局发生了重大变化，已从沿海地区和长江、珠江流域等传统养殖区扩展到全国各地。养殖品种呈现多样化、优质化、规模化的趋势、工厂化养殖、深水网箱养殖、生态养殖等发展迅速。海水养殖由传统的贝、藻类为主向虾类、贝类、鱼类、藻类和海珍品全面发展；淡水养殖打破以"青、草、鲢、鳙"四大家鱼为主的传统格局，鳗鲡、罗非鱼、河蟹等一批名特优水产品养殖已形成规模。水产养殖业已成为我国农业的重要组成部分和当前农村经济的主要增长点之一。

一、我国水产养殖现状

（一）我国水产养殖业发展概况

1. 我国水产养殖业发展历程及现状

　　1949 年新中国成立至 1978 年实施改革开放前，我国水产业生产经历了恢复和初步发展以及徘徊和曲折前进的阶段。总的来说，这一阶段水产业发展缓慢。1978 年水产品总产量 430.47 万吨，是 1949 年的 4.6 倍，年均增长 8.4%。人均占有量仅 4.8 千克，"吃鱼难"的问题十分突出。渔业总产值仅占农业总产值的 2%，在农村经济中渔业无足轻重。1979 年实施改革开放以来，尤其是 1985 年党中央、国务院向全国发出《关于放宽政策、加速发展水产业的指示》文件以后，我国水产业进入了高速增长期。据统计，2012 年我国水产品总产量已达 5 906 万吨，连续 20 多年居世界首位；渔业总产值为 17 255 亿元，增长 15%。其中水产养殖产量 4 305 万吨，是目前世界上唯一养殖产量超过捕捞产量的国家。水产品人均占有量为 36.4 千克，已远超世界人均占有量（约 20 千克）的水准。

2. 我国水产养殖业生产规模与发展成就

改革开放以来，我国水产养殖业经过多年持续、快速的发展，使丰富的内陆水域、浅海滩涂和低洼宜渔荒地等资源得到了有效的开发利用。水产养殖业在自身取得巨大发展的同时，还为我国渔区、农村劳动力创造了大量就业和增收机会，成为促进农村经济繁荣的重要产业。据统计，从事渔业的劳动力以每年增加 50 多万人的规模不断扩大，增加的劳动力中，约有 70% 是从事水产养殖业。由水产养殖发展而带动起来的储藏、加工、流通、渔用饲料与渔用药物等一批产前产后的相关产业，规模不断扩大，从业人数大量增加，缓解了我国城乡居民的就业压力。事实证明，水产养殖业已成为农村经济不可缺少的重要组成部分，对于增加市场水产品的有效供给，丰富城乡人民的"菜篮子"，改善饮食结构，保障我国的食品供应安全以及平抑市场物价起到了重大作用。

（二）现阶段水产养殖业发展存在的主要问题

1. 水产养殖业的产业化程度低

当前，我国水产养殖生产的主体是个体渔民和集体企业，其生产规模大多很小，但产量却占到水产品产量的 95% 以上。由于产业化程度低，缺乏大型的养殖场和综合性渔业养殖集团公司等"龙头企业"，致使我国水产品在品牌创立、质量安全控制、产品深加工及包装设计等工作上进展缓慢，迄今尚未有一个在消费品领域具有全国性影响的驰名商标品牌。此种状况，还严重影响后续的物流、加工、外贸等产业发展，致使我国水产品在国内市场面临着加入WTO后国外质优、价廉的水产品的冲击，在国际市场上也缺乏足够的竞争力。

2. 忽视基础理论研究，传统的养殖模式缺乏根本性创新

就水产养殖而言，基础生产力理论、最佳经济效益与最佳养殖模式理论、数学模型化养殖理论、营养动力学理论以及现代分子生物学理论等是发展水产养殖业的基础。但由于目前只重视基础应用性研究，而忽视了基础理论研究，导致我国传统的水产养殖模式缺乏根本性的创新。反映在实际生产中，养殖结构调整和养殖模式的创新缺乏基础理论的支持，将导致我国水产养殖业的发展后劲不足。

3. 渔业水域生态环境受到破坏，水生生物种质资源保护不力

据农业部和国家环保总局联合发布的《中国渔业生态环境状况公报》披露，当前我国渔业生态环境所面临的形势十分严峻，在所监测的近海及内陆渔业水域中，有半数受到不同程度的污染，经济损失严重。另外，我国近半个世纪以来淡水面积在不断缩减，有的地区与50年前相比减少了一半；每年全国约有650吨未经任何处理的各种废水直接排入江河湖库；我国经济发达的中、东部地区，85%以上河段水质超过Ⅳ类水标准，面临着严重的水质型缺水。

水生生物种质资源是水产育种、养殖生产和渔业科学研究的重要物质基础，但目前对其的研究、保护和开发利用工作却十分滞后，现状堪忧。一是水生生物资源的多样性遭到破坏，不少种类濒临灭绝。据《中国淡水鱼类检索》（1995）记载，我国共有淡水鱼类1 010种，但被列入《中国濒危动物红皮书·鱼类，1998》的种类已有92种，约占总量的1/10。二是水生生物资源的开发利用极其不合理。全国现有水产养殖对象100多种，其中重点养殖对象70~80种，但水产养殖的原良种覆盖率却不到30%，现已颁布的种质标准仅21项，更多的属野生种驯养。利用野生种进行养殖，由于累代繁殖，长期近亲交配，致使品种退化、个体小型化，性腺退化和早熟，种质资源的保护受到极大的威胁。

4. 水产品质量与市场前景堪忧

在我国由于渔业产业化程度低，目前在水产养殖中全过程引入HACCP的质量监控体系还难以进行，这致使某些水产品质量还达不到无公害或绿色食品的标准。这些水产品不仅无法进入国际市场，就是在国内，人们也因近年来媒体披露的诸如"药水蟹"、"药水虾"、"药水鱼"等报道，而对选购水产品踌躇不决。近几年，国内水产品市场已由长期短缺、"吃鱼难"转变为总量基本平衡下的结构性、区域性相对过剩。

二、小水体养殖特色

（一）小水体养殖的特点

1. 占地面积小

相对于浅海养殖、海洋滩涂养殖、淡水大水面养殖和稻田养殖等占用辽阔水面的养殖方式而言，小水体养殖所使用的土地面积和空间要小得多，是占地面积最小的水产养殖方式。采用此种方式进行水产养殖，应遵循"产量少、品质优"的原则，以选择价值较高的名特优水产品种为宜。

2. 合理利用资源

在城乡居民的房前屋后、庭院内外等空隙地，田间地头、屋边路边的"四边地"，山沟里的坑窝、水凼，甚至城镇居民的阳台，都适宜建池进行小水体养殖。这些零星的土地因面积过小平时往往闲置，用于小水体养殖既做到物尽其用又保护了基础农田，可以说是最大限度地开发利用了有限的土地资源。

3. 生产方式简单

小水体养殖生产规模小、设备简单，具有易管理、投入少、效益高等优点，是水产养殖中技术含量相对较低、操作相对简单的一种生产方式。因此，调整养殖品种也相对较为容易。一般而言，小水体养殖比较适于采用单养模式，混养、套养、轮养则较为罕见。

（二）发展小水体养殖的意义

1. 增加渔农民收入

广大农村地区由于经济水平的制约，许多水产养殖欠发达区域的人均水产品占有量还相当低，"吃鱼难"的问题尚未得到很好解决。发动这些区域的群众开展小水体养殖，不仅可以使当地农民实现水产品自给自足，多余的产品还能拿到市场上销售，既增加养鱼农民的收入又大大丰富了居民的"菜篮子"。

增加渔农民收入关系到渔农民生活水平的提高和社会的繁荣稳定，以及全面建设小康社会目标的顺利实现，家庭小水体养殖现已成为不少地方农业经济的支柱产业和农民增收的重要途径，成为农

业产业素质提高的重要标志。

2. 提高就业率

一方面，由于人民币升值压力等原因，制造业等外贸依存度较高的劳动力密集型产业难以提供更多的就业机会。另一方面，农村大量富余劳动力亟需转移，城镇新增劳动力就业、下岗职工再就业困难。劳动岗位缺口、就业压力巨大是我国经济社会发展中的一个长期性问题，形势不容乐观。

小水体养殖对于生产场地、劳动者技能要求不高，无需占用耕地开挖鱼塘，即便是从未涉足水产养殖业的居民，政府及水产部门只需稍作宣传和培训便可将其引导入门。据调研情况显示，水产养殖行业可新增 100 万人就业。若能大范围推广小水体养殖，可为社会提供更多的就业岗位，更好地解决城镇居民、农村富余劳动力的就业问题，这对于推进和谐社会、新农村建设具有积极、重要的意义。

3. 优化水产品品种结构

从 20 世纪 90 年代初期养殖罗氏沼虾、鳗鱼、月鳢，到中后期养殖斑点叉尾鮰、斑鳢、倒刺鲃、河蟹，再到现在养殖的黄沙鳖、山瑞鳖、三线闭壳龟等，养殖者养殖名特优水产热情不减，对名优水产品种的品牌发展和产品供应做出了巨大的贡献。小水体养殖的总产量虽不高，但养殖户可灵活调整养殖品种以满足社会需求的多样化及快速变化。这种养殖方式将与大水面、集约化养殖长期共存并形成优势互补，对促进水产养殖品种结构调整、实现渔业生产可持续发展发挥着不可替代的重要作用。

三、小水体养殖发展的趋势

在全球经济危机的大背景下，作为提高农村剩余人口就业率和解决广大农村群众吃鱼自给自足的一条重要途径，小水体养殖得到了政府在政策、资金、技术上的扶持。小水体养殖生产规模小、设备简单，具有易管理、投入少、效益高等优点，是水产养殖中技术含量相对较低、操作相对简单的一种生产方式，调整养殖品种也相对较为容易。从生产方面看，发展小水体养殖对自然资源、资金设备等条件要求不高，且具备良好的群众基础和技术基础，在全国各地、城镇乡村均可推广，可作为广大农村脱贫致富、城镇下岗职工再就业的重要生产门路。从社会需求方面看，除我国局部出现水产品结构性过剩外，大部分水产养殖欠发达地区的人均水产品占有量仍相当低，水产品供给和需求间仍存在缺口，这就需要大力发展包括小水体养殖在内的渔业生产，为广大群众提供更多、更好的水产品。

因此，从多方面因素考虑，小水体养殖方式不仅在增加渔农民收入、解决就业问题方面成效显著，且在一定程度上优化了水产养殖品种结构，显现出良好的社会效益、经济效益和生态效益。

第一章　小水体主要养殖鱼类的生物学特性

内容提要：养殖鱼类的选择；主要养殖鱼类的食性；鱼类的生长；主要养殖鱼类的生活习性；鱼类越冬的环境条件。

第一节　养殖鱼类的选择

正确选择合适的小水体养殖鱼类，是获得成功的先决条件之一。目前，我国淡水水体中饲养的鱼类已超过 80 种，其中有不少种类又有多个品系或品种。初次养鱼或养鱼经验不足的人，有时参考一些资料介绍，道听途说而决策，有很大的片面性。选择养殖品种不当，往往由于许多条件限制而达不到预期的目的甚至失败。如何因地制宜地选择最优的养殖鱼类，使有限的投入取得最大的效益，是养殖中的技术关键问题。

确定养殖鱼类的种类，应该依据的标准和考虑的条件有以下几个方面：

一、以生产的整体效益为目标，为发展生态渔业创造条件

生产的整体效益包括养殖对象饲养后取得的经济效益、社会效益和生态效益。

1. 经济效益

生产出来的鱼产品是否有市场，即养殖鱼类的价格和销路，是

选择养殖鱼类的首要依据。市场是渔业生产活动的起点和终点。只有根据市场需要，才能确定合适的养殖对象和养殖数量；同样，养成后的鱼产品只有通过市场，才能进行商品交换，体现出商品的使用价值。因此，被选择的养殖对象必须是能产生较高经济效益的鱼类。

2. 社会效益

选择养殖对象除了具有肉味鲜美、营养价值高、群众喜欢食用的特点外，还应考虑到随着人民生活水平的提高，人们对水产品品质的要求也越来越高，因此，必须增加"名、特、优、新"水产品的养殖种类和数量。另一方面，又要从广大群众利益出发，提供大量价廉、物美的"当家鱼"。因此，被选择的养殖对象不仅高产、优质，而且还得是能为均衡上市创造条件（如容易捕捞、运输不易死亡等）的鱼类。

3. 生态效益

能充分利用自然资源，节约能源，循环利用废物，提高水体利用率和生产力，改善水环境等特性。每一种养殖对象具有上述一个或数个特性，即可进行组装和综合，以加快水域物质循环和能量流动速度，保持水体在大负荷情况下，输入和输出保持平衡及渔场的生态平衡。通过混养搭配、提供合适的饵料等措施，保持养殖水体的生态平衡，提高生态效益，促使养殖生产持续稳定发展。

二、具有良好的生产性能

不同种类的鱼类在相同的饲养条件下，其产量、产值有明显差别。这是由它们的生物学特性决定的。与生产有关的生物学特性即生产性能是选择养殖鱼类的重要技术标准。作为养殖鱼类应具有下列生产性能：

（1）生长快 在较短时间段内能达到食用规格。

（2）食物链短 在生态系统中，能量的流动是借助于食物链来实现的。食物链越短，流失能量越小，能量转化效率也越高，总的生物量也越大，获得高产的可能性也越大。

(3）食性或食谱范围广　如杂食性鱼类的鲤、鲫鱼，无论是动物性食物或植物性食物还是有机碎屑（腐屑），它们都喜食。这些鱼类对饵料的要求低，因此，饵料来源丰富，成本低，这就为发展杂食性鱼类的养殖开辟了广阔的道路。

(4）苗种容易获得　鱼苗鱼种是发展养殖生产的基本条件，只有同时获得量多质好的各种养殖鱼类的苗种，才能充分发挥养殖技术，充分发挥水质、鱼种和饵料的生产潜力，养殖生产才能健康、稳步、持续地发展。

(5）对环境的适应性强　对水温、溶解氧（低氧）、盐度、碱度、肥水的适应能力强，对病害的抵抗力强的鱼类，不仅可以扩大在各类水体的养殖范围，而且为高密度混养、提高成活率创造了良好的条件。因此，一般抗逆、抗病力强的种类往往是良好的养殖种类。

目前，我国小水体养殖主要对象均为淡水种类，其中以青鱼、草鱼、鲢、鳙、鲤、鲫、鳊、鲂、鲮等种类最为普及。这些鱼类是我国劳动人民通过长期的养殖生产实践，通过与其他鱼类的比较选择出来的，它们的生产性能均符合上述要求，因此养殖户称其为常规鱼。而其他鱼类，尽管它们生长比家鱼更快，肉味比家鱼更鲜美，但由于生产性能在某些方面存在缺陷，故统称其为"名特优水产品"。

第二节　主要养殖鱼类的食性

不同种类的鱼，其食性亦不相同，但在鱼苗阶段的食性基本相似，各种鱼苗从鱼卵中孵出时，都以卵黄囊中的卵黄为营养。仔鱼（指鱼苗身体褶裙的时期，一般全长 8～17 毫米）刚开食时，卵黄囊还没有完全消失，肠管已形成，此时仔鱼均摄食小型浮游动物，如轮虫、原生动物等；随着鱼体生长，食性开始分化，至稚鱼阶段（褶皱消失，体侧出现鳞片，一般全长 17～70 毫米），食性开始明显分化；至幼鱼阶段（全身被鳞，侧线明显，胸鳍条末端分枝，体色和斑纹与成鱼相似，一般全长75毫米以上），其食性与成鱼食性相似或逐步趋近于成鱼食性。鱼类的食性包括取食器官的形态结构、摄食方式和食物组成。不同种类的鱼，其取食器官构造有明显差异，食性也不一样。一般鱼类的食性可以划分为以下几种类型：

（1）滤食性鱼类 如鲢、鳙等，它们的口一般较大，鳃耙细长密集，滤食食物主要靠鳃耙，鲢主要吃浮游植物，鳙主要吃浮游动物。

（2）草食性鱼类 如草鱼、团头鲂、鳊等，均摄食水草或幼嫩陆草以及其他植物性食料。

（3）杂食性鱼类 如鲤、鲫鱼等，其食谱范围广而杂，有植物性成分也有动物性成分。它们除了摄食螺蛳、摇蚊幼虫等底栖动物和水生昆虫外，也摄食水草、丝状藻类、水蚤、腐屑等。

（4）肉食性鱼类 在天然水域中，有凶猛捕食其他鱼类为食的鱼类，如鳜鱼、鳡鱼、乌鳢等；也有性情温和，以无脊椎动物为食物的鱼类，如青鱼以螺蚬类为食，黄颡鱼摄食大量水生昆虫、虾类和其他底栖动物。

第三节　鱼类的生长

鱼类生长具有一定的规律，鱼在性成熟前生长速度快，性成熟后生长速度慢。在从鱼苗到成鱼的生长过程中，随着时间的推移，鱼的绝对生长速度（日增重）逐渐增大，相对生长速度（日增重占体重的百分率，也被称为日增长率或日增重率）逐渐下降。主要养殖鱼类鱼苗的相对生长速度通常是下塘前3～10天最大，日增长率为15%～25%，日增重率为30%～57%，此后，相对生长速度逐渐减小。

影响鱼类生长的主要因素有：

（1）性别 多数雄性鱼比雌性鱼性成熟早，雄性鱼生长高峰提

前结束。因而，雄性鱼体格比雌性鱼小。但由于雌鱼需要将大量的能量用于生殖，所以雌鱼的生长速度一般要低于雄鱼。

（2）饵料　在饲养密度和水质一定的条件下，使用数量适宜和质量好的饵料，鱼类的生长速度快；使用数量少和质量差的饵料，鱼类的生长速度慢。

（3）密度　在水质和饵料一定的条件下，鱼类的养殖密度越大，生长越缓慢。这主要是随着养殖密度的增大，鱼类对饵料和溶解氧等资源的竞争更激烈，鱼类因不能获得充足的食物和其他适宜的环境条件而限制了生长。

（4）水质条件　适宜的水质条件如适宜的水温、较高的溶解氧、合适的 pH 值等，可以使鱼类的生长潜能得到充分发挥，生长迅速。而较差的水质条件则可能限制鱼类的生长，甚至对鱼类造成危害，如缺氧、高 pH 值对鱼类的毒害等。

总的来说，鱼类是终生生长类型，在个体发育过程中都是性成熟前生长快，以后逐渐变慢，鱼的类别不同其生长规律也不完全相同。每种鱼的生长速度不仅与种的遗传性有关，还与栖息水体环境、水温、营养条件、水质状况和养殖密度等有密切关系。也就是说，影响鱼类生长速度的因素是很多的，因而也具有很大的可塑性。养殖过程中应根据养殖对象的生长特性以及对环境、营养饲料要求的不同特点，因地制宜，采取合理管理措施和放养密度，使鱼类的生长潜能充分发挥。

第四节　主要养殖鱼类的生活习性

一、栖息水层

养殖鱼类的栖息水层是与食性相适应的。鲢、鳙鱼以浮游生物为主，它们通常在水的中上层活动，鲢在上层，鳙稍下。草鱼在水的中下层及岸边摄食水草，主要在水体中下层活动。青鱼以底栖生物为食，经常在水的下层活动，一般不游到水面。鲮以附生藻类和腐屑为食，通常在水域的底层活动。鲤、鲫食底栖生物和腐屑，是底栖性鱼类，一般喜欢在水体下层活动，很少在水面。团头鲂是草食性鱼类，喜欢在水体的中下层活动。黄颡鱼多在湖泊静水或江河缓流中营底栖生活，尤喜生活在具有腐败物和淤泥的浅滩处。白天潜伏于水体底层，夜间浮游至水上层觅食。南方大口鲇白天隐居水底或潜伏于洞穴内，夜晚猎食鱼、虾及其他水生动物。泥鳅喜欢栖息于静水的底层，常出没于湖泊、池塘、沟渠和水田底部富有植物碎屑的淤泥表层，对环境适应力强。

二、对水温和水质的适应

水温和水质是影响养殖鱼类的生长发育和摄食等的主要因素。同时，这些鱼类对水温和水质的适应性也较强。

1. 对水温的适应

鱼类对水温的适应幅度较大，不同鱼类都有其生存、生长和繁殖最适温度范围。根据鱼类的适宜生长水温，把鱼类分为冷水性鱼类、温水性鱼类和暖水性鱼类，而根据鱼类对水温的适应能力，又可以把鱼类分为广温性鱼类和狭温性鱼类。一般而言，冷水性鱼类和暖水性鱼类对水温变化比较敏感，属狭温性鱼类；而温水性鱼类对水温的适应幅度较大，属广温性鱼类。比如我国广泛养殖的几种大宗淡水鱼类青、草、鲢、鳙等在0.5~38℃都能存活，但适宜温度为20~32℃。

2. 对水质的适应

（1）对盐度的适应　按照与盐度的关系可以把鱼类分为狭盐性鱼类和广盐性鱼类两类。狭盐性鱼类不能忍耐环境盐度的较大变化，大多数海洋鱼类和淡水鱼类都属此类；广盐性鱼类能够忍受很大幅度的盐度变化，可以分布于盐度极为不同的各类水体。一般来说，大洋或外海的鱼类多是狭盐性的，沿岸和河口的鱼类多是广盐性的，淡水鱼类中有很多种类也是广盐性的。此外，同一种鱼类对盐度的适应能力还因各种内在因素（如年龄）和外在因素（如盐类组成）

的变化而有变化。

（2）对肥度的适应　鱼类由于食性等生物学特点的不同，因此对水质肥瘦的要求也不同。一般而言，肉食性鱼类以及名特优养殖鱼类对水质要求较高，要求较清瘦的水，但对肥水也有一定的适应能力；鲢、鳙等浮游生物食性鱼类则适应在浮游生物较多的肥水中生活；而鲤、鲫等鱼类的适应性更强，在其他鱼类很少能生存的水域中也能生活。

（3）对溶氧量的适应　鱼类的正常生长发育都要求水中有足够的溶氧量，但对低氧也有一定的适应力。它们对水中溶氧量的要求和适应范围也有一定差异，其中鲫鱼对低氧适应能力最强，鲢的适应能力最差。此外，鱼类在早期发育阶段对水中溶氧量的要求比成鱼高，对低氧的适应能力相应减低。

（4）对 pH 值的适应　一般而言，养殖鱼类在 pH 值 7.5～8.5 的弱碱性水中生长良好，长期生活在 pH 值低于 6 或高于 10 的水中生长会受到抑制。当池塘中浮游植物生长繁盛，夏天光合作用强时，水中 pH 值暂时上升到 9.5～10，对鱼类生长发育影响不大。

第五节　鱼类越冬的环境条件

鱼类越冬是我国北方地区，特别是东北地区养鱼生产中的一个重要环节。由于冬季气候寒冷，冰封期长（可长达 5～6 个月），越冬期间经常发生大规模的死鱼事故，造成巨大的经济损失，严重挫伤广大养殖户的生产积极性，极大阻碍了北方养殖业的发展。据雷衍之、李永函等的研究表明，缺氧是造成越冬期间鱼类死亡最主要的因素，并创出了一套"冰下生物增氧技术"，基本解决了我国北方地区鱼类的越冬问题，其理论焦点就是如何创造适合浮游植物生长的环境条件。

一、水深和肥度

越冬池不宜过深，水过深由于浮游植物的自荫作用反而会降低单位面积水柱中的产氧量。但也不宜过浅，因这也会降低水柱产氧量。一般以保证冰下有效水深达 80 厘米即可。越冬池的肥度（指水中浮游植物的生物量）也要适中才对产氧有利。适宜的水深与肥度之间还有互相制约的关系。浅一些的池塘浮游植物生物量可以大一些。深水池生物量（特别是初期）过大则使氧气状况往往不好。据测定，越冬池的补偿深度一般在 0.8～1.5 米处，平均约 1.2 米（冰下水深），以越冬池有效水深为 1.1～1.8 米，浮游植物生物量等在 25～50 毫克/升为宜。如能使水中适低温、喜阴性的鞭毛藻类（隐藻除外）占优势，则适宜水深及浮游植物生物量均可增大。综合各方面的因素考虑，越冬池适宜有效水深可以扩展为 1～2.5 米。根据水深可将越冬池分为两类：有效水深小于 1 米者为浅水池，一开始生物量即可大些（30～50 毫克/升），有效水深大于 2 米者为深水池，开始时生物量应小（小于 20 毫克/升），令其自然繁生，即所谓的"先瘦后肥"。

需要特别指出的是，有些人过去由于忽视了冬季冰下浮游植物的产氧效能，认为止水越冬池的氧气只能依靠封冰时水中溶存的氧气，因而形成了越冬池越深越好的观念，这是不完全符合客观实际的。大量实践表明，只要有效水深保持在 1 米以上，均可采用生物增氧来越冬。

二、底质

一般谈到鱼类越冬时，都十分强调池底淤泥对越冬的重要性。淤泥厚薄对底质耗氧的影响，关键是泥的密实程度及泥中含易分解的有机物的多少。比如有大量投饵的新鱼池，其底质耗氧率可能并不比有大量淤泥的多年养鱼池低，淤泥内部物质的耗氧是要通过扩散来实现的，如果底质较密实，扩散就很慢，如果底泥较稀则耗氧很严重。如果能在越冬注水前将池水排干，用生石灰消毒并晾晒一段时间，则不一定要清除底泥。

三、浮游动物的控制

对越冬池溶氧影响比较大的浮游动物是剑水蚤和轮虫，它们在

采用原池水的越冬池中常大量发生。在繁殖盛期，生物量每升可达数毫克至数十毫克，使池水溶解氧下降，直接危及生物增氧效果。过去有些地区的越冬池尽管及时扫雪而氧气状况仍然不佳，往往和这两类浮游动物的存在有关。

剑水蚤和轮虫除自身耗氧外还大量滤食浮游植物，是冰下生物增氧的一大害。一旦轮虫大量发生，浮游植物很难发展起来，使生物增氧失败。使用晶体敌百虫可以对桡足类和轮虫进行有效控制，恢复越冬池的溶解氧。

某些原生动物虽然对低温有一定的适应能力，但它们对环境中的有机质含量要求较高，所以通常只发生于污染程度相当严重的水体。通常正常管理的越冬池，一般不会大量孳生。可是少数采用较多原塘水又不经消毒或封冻前还继续投饵的越冬池，也有可能大量孳生原生动物。原生动物对敌百虫有相当强的抗药性，通常不用敌百虫防治。当越冬池大量出现原生动物并造成溶解氧不足时，可采取抽换池水的办法进行处理。在没有其他越冬池高氧水时也可添注新水，也可使水质得到改善。

四、施肥

冬季施用无机肥料可以使浮游植物快速发生，使水肥起来。研究表明，越冬初期水中磷含量高一些对生物增氧有好处，建议施用过磷酸钙使水中磷含量达到 0.2 克/米^3（相当于 2 米水深每亩①施用过磷酸钙 0.35 千克）。

在氮营养方面，考虑到氨的较大毒性，其氧化还要耗氧，所以建议施用硝酸态氮（如硝铵）使水中含量达到 1～1.5 克/米^3。多数鱼池水中都含有一定的营养盐，特别是培育池老水中含铵盐较丰富，在施肥前最好能测出其含量，适当扣除。

施肥时间不宜过早，最好在封冰后不久或封冰前池水温度已降至5℃以下进行，以免浮游植物过早过多地繁殖，深水池尤其应注意这个

---

① 亩为我国非法定计量单位，1 亩 ≈666.7 平方米，1 公顷 =15 亩，以下同。

问题。此外，越冬池不能施用有机肥，这会使水质恶化。

五、扫雪

及时扫除冰面积雪早已成了许多地区越冬管理中的重要一环。扫雪是越冬管理中的重要措施，冰面积雪一定要及时清理，浮游植物越多的池子越加重要。因为如果不扫雪，太阳光不能透过冰层，冰下浮游植物不能进行有效光合作用产氧，反而成为耗氧因子，使越冬池溶氧含量迅速下降。

乌冰对光的透过性比明冰差许多，应尽量避免形成乌冰。遇大雪封冻的年份，有条件时最好将乌冰打碎，使其重新结成明冰。但要注意透过乌冰的光能还是很多的，即使乌冰也应及时清扫积雪。认为"乌冰扫雪也白搭"的观念是错误的。

清扫积雪的面积当然是越大越好，小池最好全部清除，堆于池边，大池可以扫成雪趟，最好南北走向利于采光，清除面积最好在80%以上。

六、用水问题

使用生物增氧的越冬池可以适当利用一部分培育池的老水。一般老水中含有丰富的生物（浮游植物、浮游动物、细菌），较多的有机物及营养盐类。适当地使用，既可节约水源，又有利于浮游植物的培育。但老水比例过大，由于耗氧因子多，又可能对越冬不利。深水池最好不用老水，浅水池可以使用 1/3～1/2 的老水。

准备全部灌注井水的越冬池，应提前将水注满，使其有一段曝气增氧时间。如果井水中含有较多的铁和硫化氢，更应提前晾晒。注水过晚会使水中溶解氧偏低。

注水可以促进池水产生漩涡，使池水混合，可将底层营养盐带到上层，许多井水本身也含有丰富的营养盐类，因此定期的少量注水对生物增氧是有利的。

第二章　小水体养殖水域的生态
　　　　环境与控制

内容提要： 小水体养殖水域的水环境特征；小水体养殖水域的主要物理化学特性；小水体养殖用水的处理方法。

第一节　小水体养殖水域的水环境特征

　　小水体养殖水域是一种人工生态系统（图2-1），它具备天然生态系统的一切共性，但在人类控制和影响下，在结构和功能上又有其特点：

图2-1　小水体养殖环境

　　①养殖水域小、水浅，易受天气及人类活动的影响，非生物环境的变化很大。同一养殖水域在一个生长期内可经历贫营养型、中营养型、富营养型到腐营养型的不同阶段，由于冬季常排干水，又

具有间歇性水体的许多特点。

②生物群落不是自然发展起来的，主要在人类的支配和影响下形成，种类组成趋向单纯化，种间的相互适应能力一般较差，优势种突出。

③生产者几乎全由浮游植物组成，大型消费者中鱼类都是人工放养的，浮游动物和底栖动物大多具有保护性结构，易于扩布，世代时间短、繁殖快、生态幅广的种类组成。微型消费者中细菌、鞭毛藻类非常丰富。

④初级生产力高，外来有机质量大，食物链短、渔产力高。

⑤由于生境易变和群落组成的简单化，降低了系统本身的自动调节能力，生态系统稳定性较差。

我国传统小水体养鱼的特点是混养、密养、施肥、投饵和人工增氧，力图在人工控制下最充分地发挥鱼池生态系统的生产性能。因而在结构和功能方面小水体养殖水域最充分地体现了上述人工生态系统的特点。

第二节　小水体养殖水域的主要物理化学特性

养殖水体中，对鱼类生长发育影响较大的水质指标包括：溶解氧、pH 值、氨氮、硫化氢、亚硝酸盐。

溶解氧、pH 值、氨氮、硫化氢、亚硝酸盐都可用便携式快速测定试剂盒进行比色测定。便携式快速测定试剂盒在各大渔用物资市场均有销售，能迅速检测 5 到 10 种主要水质指标，在养殖生产上应用广泛。

一、溶解氧

水体中的溶解氧气是鱼类生长发育的重要物质。缺氧会造成鱼类浮头甚至大量死亡。一般养鱼水体的溶解氧含量应大于3 毫克/升。

溶解氧在水体中的含量存在日变化现象，黎明前最低，正午最高。水体的氧气含量日变化过大，有可能会造成晚上鱼类缺氧死亡，所以应注意控制养殖水体中动植物含量，保持良好水质或实施人工增氧。

养殖水体的增氧措施：

（1）培育一定量的优质种类的浮游植物　利用施肥等调控水措施，培育有益水生浮游植物，并使其生物量保持在 20 ~ 100 毫克/升。

（2）降低化学耗氧量　①渔闲期清除池底变臭的底泥；②科学投饵，减少过剩饲料的沉积；③晴天中午经常打开增氧机，把含氧量高的上层水带入底层，使底泥中有机质迅速分解，从而减少夜间耗氧量。

（3）减少不必要的生物耗氧　清杀野杂鱼虾等，杀灭过多的浮游动物。

二、pH 值

pH 值是指养殖水体的酸碱度。养殖水体 pH 值过高或过低对鱼生长均不利，通常 pH 值低于 4.4，鱼类死亡率达 7% ~ 20%，低于 4 以下，将全部死亡；pH 值高于 10.4，鱼类死亡率达 20% ~ 89%，当高于 10.6 时即全部死亡。鱼类生长最适 pH 值为 7 ~ 8.5。

水体 pH 值低于 7 时，鱼类血液中 pH 值下降，使血液中的氧分压减小，降低血红蛋白载氧能力，并可直接破坏鳃组织细胞和表皮，导致鱼体质下降，抗病能力减弱。同时低 pH 值影响到水体中细菌、藻类的生长繁殖，减少鱼的天然饲料。

当水体中 pH 值超过 8.5 时，会影响到水体中的 $NH_3 - NH_4^+$ 离子平衡，增加有毒的非离子氨浓度，对鱼类造成危害，同时会使鱼分泌大量黏液影响呼吸。

调控方法：当水体中的 pH 值小于 6.5 时可用生石灰调节，反之，pH 值高于 8.5 时，可以采取换水或施加水质调节剂改良（此时应特别注意检测氨的含量，生产上常施用一定数量的醋酸调节）。

三、氨氮

氨氮包括离子铵（NH_4^+）和分子氨（NH_3），是鱼类等水生动物主要代谢物及有机质氧化分解的产物。分子氨对鱼类具有毒害作用，且随 pH 值升高，含量加大，毒性增加。当 pH 值小于 6 时，均以离子铵形式存在，当 pH 值大于 11 时均以分子氨形式存在。

分子氨能损害鱼类鳃组织，降低吸收和运输氧的能力，同时阻止鱼体内的氨向体外排出，导致鱼类减少摄食甚至停食，且影响鱼类渗透作用。水产养殖水体要求分子氨浓度小于 0.05 毫克/升，总氨小于 2 毫克/升。

控制氨氮的方法是：①换水；②每亩用 20～50 千克沸石粉泼洒；③全池泼洒硼酸钠（硼砂）2～10 毫克/升；④全池泼洒光合细菌、枯草芽孢杆菌、硝化细菌等微生物制剂以净化池水；⑤晴天中午打开增氧机曝气。

四、亚硝酸盐

亚硝酸盐是有机物分解的中间产物，在溶解氧充足时可进一步氧化为硝酸盐；当溶解氧不足时便生成亚硝酸盐，亚硝酸盐能迅速破坏鳃组织，使鳃组织细胞肿大、增生。亚硝酸盐被鱼吸收进入血液后与血红蛋白（HB）反应，生成高铁血红蛋白（MHB），致使鱼类摄食率低下，体内缺氧，体质减弱，生长速度减慢，且易感染病原菌引发疾病。养殖水体的亚硝酸盐含量不得超过 0.1 毫克/升。

控制方法：①与控制氨氮毒性措施相同；②全池泼洒食盐使池水浓度达 20 毫克/升。

五、硫化氢

硫化氢是一种有毒气体，在鱼池中是不允许存在的。它对鱼的毒害非常严重，会使鱼类呈现生理性缺氧。

控制措施：保持池水和底质呈中性或微碱性是可以避免产生硫化氢的，也可用氧化铁或铁矾土渣、炉灰渣消除硫化氢。

六、底泥

池底底泥是由残饵和鱼类粪便等有机颗粒物沉入水底及死亡的生物体遗骸发酵分解后与池底泥沙等物混合而成。

底泥对水质的影响主要有两个方面：一是增加耗氧量，底泥中包含有多种有机物质，当其产生化学分解，加上池水中耗氧生物的呼吸作用，就会大大增加底泥耗氧量，从而影响养殖鱼类正常生存；二是产生有毒物质，在底泥的有机物分解过程中，会产生氨、甲烷、硫化氢等有毒物质。甲烷不溶于水，故可经常在鱼池中见到水底向水面冒气泡现象；硫化氢为有毒气体，易溶于水；池水有臭鸡蛋味时说明水已败坏，对鱼会有严重危害，必须立即换水。

底泥控制：生产实践证明：鲢、鳙鱼池底底泥厚度在20～40厘米；草、鲂、鲤鱼池底泥以0～15厘米为宜。因此，为保持良好水质，每隔1～2年应清除10～20厘米呈暗黑色的底泥，并经烈日曝晒，可减少总氮88%，铵态氧68%，有机质90%，可溶性硫酸盐77.8%，以及杀死部分病菌和寄生虫卵，可为鱼类创造良好的栖息场所，是增产非常重要的措施之一。

七、水体透明度

透明度是指光透入水中的程度，一般养殖池塘的透明度以25～40厘米为宜，但不同品种、不同养殖阶段对透明度的要求各不相同，应灵活掌握。就一般养殖池塘而言，透明度大于40厘米，说明水质偏瘦，可以施肥；透明度小于25厘米，说明水质过肥，浮游生物过多而导致富营养化。此时的池塘就应该泼洒一定量的生石灰或黄泥浆进行调节，也可采取换水措施提高水体透明度。

第三节　小水体养殖用水的处理方法

一、环境控制

（1）**场地控制**　养殖场地应是生态环境良好，处于无工业"三废"及农业、城镇生活、医疗废弃物污染的水区或地域；养殖地区域上游没有对鱼池构成威胁的污染源；底质无工业废弃物和生活垃圾，无大型植物碎屑和动物尸体，无异色、异臭；底质有害有毒物质最高限量应符合《养殖用水水质标准》。

（2）**养殖场上方需修造蓄水池，沉淀、净化、处理水源**　进、排水渠道要分开，实行单供单排，避免互相污染。鱼池进水口要加40目的筛绢过滤。

（3）**清塘消毒**　鱼池每年要进行"冬干"，挖出过多的淤泥，保持底泥10厘米厚左右，每亩用生石灰75～100千克或漂白粉4～5千克泼洒消毒。经半月左右的曝晒、冰冻，使底质干燥疏松，以利于有机物的氧化分解和消除积存的还原性中间产物，杀死鱼类寄生虫和致病菌。

二、水质调控

（1）**水源消毒**　要求养殖用水水源充足、清洁，没有病原生物和不受污染，符合养殖鱼类的生活要求。如存在病原体和敌害生物，可用25～30毫克/升生石灰或1毫克/升漂白粉或0.5毫克/升敌百虫全池泼洒消毒。

（2）**适时加注新水**　养殖鱼池要进行水体更新，一般生长旺季7～10天要加注一次新水，早春和晚秋也要每10～15天加注一次，每次加注20～30厘米深。有时根据需要也可以大量更换池水。

（3）**泼洒生石灰**　成鱼养殖期间，每亩、每10～15天用生石灰25～30千克全池泼洒，可以调节pH值，改善水质。

（4）**控制非离子氨、亚硝酸盐**　除了注入新水增氧和降低浓度外，每 20～30 天每亩施用食盐 10 千克或定期施用光合细菌，分解有机废物，降解氨氮等有害物质。

（5）**适时开动增氧机**　发挥增氧机的"增产机"和水质"改良机"功能，尽量经常开动，调节水中的含氧量，维持良好的水体环境。

（6）**定期局部搅动池底**　用脚搅动或采取拉网的办法，可以调节溶解氧和营养物质在上下水层的平衡分布。鱼池混养鲤鱼对池底也有一定的搅动作用。

三、投入品控制

水产养殖过程中的投入品，主要是饲料、肥料和渔用药物，使用时应按照《水产养殖质量安全管理规定》的要求加以控制，并且填写好《水产养殖生产记录》和《水产养殖用药记录》表。

（1）**饲料**　饲料是吃食鱼的主要营养物质来源，它的质量及投饲技术直接影响到水质和养殖成效，所用饲料的质量要好，消化吸收率要高，并实行科学投喂。

（2）**药物**　使用水产养殖用药应当符合《兽药管理条例》和《无公害食品　渔用药物使用准则》的规定，做到科学用药。

（3）**肥料**　应科学选用肥料品种，科学配搭，科学施用，降低和避免有害物残留。

第三章　鱼类营养与饲料

内容提要：鱼类的营养需要；饲料的选择；投饲技术。

　　饲料是养鱼的基本条件之一。鱼类同其他所有动物一样，必须从外界摄取食物才能满足正常活动所需能量和生长发育所需的营养。鱼类的食物，通常称为饵料或鱼饲料。在养殖水域中（尤其是高密度养殖水域），除了施肥培育浮游生物、底栖动物等天然饵料外，还必须投喂人工饲料才能满足鱼类对食物的需要。

　　目前人工养殖鱼类的种类很多，它们的食性各不相同，但基本上可分为肉食性、植食性和杂食性三类。不同种类的鱼对营养的需要量不一样，同一种鱼在不同的生长发育阶段，对营养物质的要求也不尽相同。因此，养殖者必须了解所养鱼类的食物习性和对营养物质的需要量，才能做到科学地投喂饵料，合理地利用饵料资源，降低养殖成本，增加养殖效益。

　　饲料是动物维持生命和生长、繁殖的物质基础，动物需要的营养素有蛋白质、脂肪、糖类、矿物质和维生素5类。以上营养素在体内具有3种功用：①供给能量。动物只有在不断消耗能量的情况下才能维持生命。能量被用来维持体温，完成一些最主要的功，如机械功（肌肉收缩、呼吸活动等）、渗透功（体内的物质转运）和化学功（合成及分解代谢）；②构成机体。营养素是构成体质的原料，用以生长新组织，更新和修补旧组织；③调节生理机能。动物体内各种化学反应需要各种生物活性物质进行调节、控制和平衡，

这些生物活性物质也要由饲料中的营养物质来提供。各种营养素都有一定的生理功能，但不是所有的营养素都具有以上3种功能。有的只有1种功用，有的同时具备2种或3种功用。一般来说，蛋白质主要用以构成动物体，糖类和脂肪主要供给能量，维生素用以调节新陈代谢，矿物质则有的构成体质，有的调节生理活动。

第一节　鱼类的营养需要

一、鱼类对蛋白质的营养需求

蛋白质是鱼类组织的主要成分，占鱼体干物质重的65%～75%，鱼体的生长也主要是依赖鱼类从食物中摄取蛋白质以构成鱼体的组织器官。蛋白质除了作为建造组织的物质外，还能作为能量消耗掉。因此，鱼类必须不断地从外界食物中摄取足够数量的蛋白质，才能维持正常的生命活动和生长发育。

鱼类的生长主要是指依靠蛋白质在体内构成组织和器官。鱼类对蛋白质的需要量比较高，约为哺乳动物和鸟类的2～4倍，由于鱼类对糖的利用能力低，因此蛋白质和脂肪是鱼类能量的主要来源，这一点与畜禽类有很大的不同，鱼类和其他动物一样从外界饲料中摄取蛋白质，在消化道中经分解成氨基酸后被吸收利用，其生理功能为：供给组织蛋白质的更新、修复以及维持体蛋白质现状；用于生长（体蛋白质的增加）；作为部分能量来源；组成体内各种激素和酶类等具有特殊生物学功能的物质。

鱼类对蛋白质需要量的高低，受多种因素影响。如鱼类的种类、年龄、水温、饲料蛋白源的营养价值以及养殖方式等。

二、鱼类对脂肪的营养需求

脂类是生命代谢过程中的第二大营养物质，是鱼、虾类组织细胞的组成成分，对鱼类也具有多种生理功能，如为鱼类提供能量和必需脂肪酸、作为某些激素和维生素的合成原料，节约蛋白质，提高饲料蛋白质利用率，脂类物质还有助于脂溶性维生素的吸收和体内的运输。

脂肪是鱼类生长所必需的一类营养物质。一般说来，鱼类能有效地利用脂肪并从中获得能量。饲料中脂肪含量不足或缺乏，可导致鱼类代谢紊乱，饲料蛋白质利用率下降，同时还可并发脂溶性维生素和必需脂肪酸缺乏症。但饲料中脂肪含量过高，又会导致鱼体脂肪沉积过多，鱼体抗病力下降，同时也不利于饲料的贮藏和成型加工。因此，饲料中的脂肪含量必须适宜。

鱼类对脂肪的需求量除与鱼类的种类和生长阶段有关外，还与饲料中其他营养物质的含量有关。对草食性和杂食性鱼而言，若饲料中含有较多的可消化糖类，则可减少对脂肪的需要量；而对肉食性鱼来说，饲料中粗蛋白含量愈高，则对脂肪的需要量愈低。这是因为饲料中大多数脂肪是以氧化功能的形式发挥其生理功能的，若饲料中其他能源可资利用，就可减少对脂肪的依赖。同时还应注意高质量脂肪的添加量对鱼类生长的作用。

三、鱼类对必需氨基酸的需求

动物从本质上讲，不是需要蛋白质而是需要氨基酸，动物不能从简单的无机物中合成氨基酸，它必须依赖动、植物，即它必须直接或间接地从摄取动、植物中获得氨基酸。氨基酸可分为必需氨基酸（不能由鱼体自身合成）和非必需氨基酸（由鱼体自身合成）。因此，对鱼类饲料不仅要注意蛋白质的数量，而更重要的是注意蛋白质质量，优质蛋白质中必需氨基酸种类齐全，数量比例合适，容易被鱼类利用于生长。

不同种类的鱼对必需氨基酸的需求量有较大的差异；不同饲料源蛋白中必需氨基酸的含量甚至区别更大。单一成分的饲料源，其蛋白质的某些必需氨基酸含量可能过高或者过低，而其他饲料源蛋白质可补充这些不足。在生产上，可将两种以上营养价值较低的饲料蛋白质混合，能提高营养价值的作用，称为蛋白质的互补作用。

这就是为什么在配置鱼用饲料时用几种不同成分制作的配合饲料比用单一成分制作的饲料效果更好的主要原因之一。通过不同蛋白源的合理配比，可使整个饲料蛋白质氨基酸达到平衡，从而使营养蛋白质有效地利用。

四、碳水化合物

在动物体内，碳水化合物是仅次于蛋白质、脂类的第三大有机化合物。在营养学上通常把碳水化合物分为可溶性碳水化合物（糖和淀粉）和粗纤维（包括纤维素、半纤维素、木质素、果胶等）两大类。

碳水化合物能提供能量，对饲养陆生动物，饲料中碳水化合物是主要的能量物质来源。但对于鱼类，能更好地满足鱼类代谢能量需求的主要是饲料中的脂肪和蛋白质。尽管如此，吸收入鱼体的糖类，通过氧化分解，仍能供给鱼类部分能量需要。

糖类是鱼类生长必需的营养物质，是三大营养物质中供能物质中最经济的一种。如糖类摄入量不足，则饲料的蛋白质利用率下降；长期摄入不足还可导致鱼体代谢紊乱、鱼体消瘦、生长速度下降。但摄入量过多，超过了鱼类对碳水化合物的利用能力限度，多余部分则用于合成脂肪，长期摄入过量糖，会导致脂肪在肝脏和肠系膜大量沉积，发生脂肪肝，使肝脏功能削弱，肝解毒能力下降，鱼体呈病态型肥胖。

由于鱼类对糖类的代谢水平很低，因此鱼类对糖类利用能力也是极其有限的，而利用能力高低又因鱼的种类而异。草食性鱼和杂食性鱼饲料中糖类一般高于肉食性鱼，此外，鱼的生长阶段、生长季节也会影响其对糖类的需要量。一般来说，幼鱼期对糖类需要量低于成鱼，水温高时对糖类的需求低于水温低时。测定鱼类对糖类的需要量还与评定指标有关。由于鱼类能有效地从蛋白质、脂肪中获取能量，因此如果仅仅以鱼的生长速度为评定指标，所测糖类适宜含量必然低于以蛋白质利用率作为评定时的所测结果。

五、矿物质

矿物质或灰分是饲料燃烧时成为灰分的残存成分。矿物质在鱼类的机体中各处存在，特别是骨骼中含量最多。矿物质在鱼体内含量一般在 3% ~5%，其中含量在 0.01% 以上者为常量元素，含量在 0.01% 以下者为微量元素。在鱼体内常量矿物质元素主要有钙、磷、镁、钠、钾、氯、硫等；在营养生理上作用明显的微量元素主要有铁、铜、锰、锌、钴、碘、硒、镍、钼、氟、铝等。

鱼类很容易从水环境中吸收矿物质，淡水鱼主要从鳃和体表吸收。鱼类有控制异常矿物质浓度的能力，但随种类不同而异。某些鱼类和甲壳类能排出高比例摄入的过量矿物元素，因此能以相对正常的浓度控制铜、锌、铁等在体内的含量，但小鱼和新孵出的鱼苗则对这些金属的调控和排出的能力甚至比对汞和铅还差。鳃、消化道是调控和排出过剩矿物质的场所。矿物元素是对鱼类很重要的营养素，但在饲料中添加过多会引起鱼类慢性中毒，矿物元素过量可抑制酶的生理活性，取代酶的必需金属离子，改变生物大分子的活性，从而引起鱼类在形态、生理和行为上的变化，对鱼类的生长不利，而且通过富集作用，作为人的食品，则对人体健康产生危害。

矿物元素不能相互转化和替代。在鱼的饲料中矿物质不足或缺乏时，即使其他营养物质充分，也会影响鱼类健康和正常生长、繁殖，严重时导致疾病，甚至死亡。

六、维生素

维生素是维持鱼体正常机能所必需的营养物。它虽然不能产生能量，也不构成机体组织，但却是维持生命的必需物质，所以有人称其为"维他命"。鱼体中如缺乏某种维生素，就会影响其生长发育和抗病力，严重的甚至可以导致死亡。常规养殖水域中的天然饵料生物富含维生素，只要数量丰富，鱼类一般不会出现维生素缺乏症。在集约化养殖条件下，天然饵料贫乏，饲料中必须添加维生素。如果长期摄入量不足或由于其他原因不能满足生理需要，就会导致鱼类物质代谢障碍、生长迟缓和对疾病的抵抗力下降。维生素缺乏的原因，除饲料中含量不足外，还可能由于维生素的吸收发生障碍，维生素在饲料贮藏、加工、投喂过程中的损失和破坏或生理需要量增加等引起。

维生素种类很多，化学组成、性质各异，一般按其溶解性分为脂溶性维生素和水溶性维生素两大类。脂溶性维生素包括：维生素A、维生素D、维生素E（生育酚）、维生素K。水溶性维生素包括：维生素 B_1、维生素 B_3、维生素 B_3、维生素 B_5、维生素 B_6、生物素（维生素H、维生素 B_7）、叶酸、维生素 B_{12} 和维生素C等。根据目前的研究，认为至少14种维生素为鱼类所必需，它们是维生素A、维生素D、维生素E、维生素K、维生素 B_1、维生素 B_2、尼克酰胺、泛酸、吡哆酸、胆碱、叶酸、维生素 B_{12}、肌醇和维生素C。但这不意味着所有的鱼都必须直接从饲料中获得这些维生素，其中少数几种维生素鱼体本身或消化道微生物可以合成，因而就不必依赖于饲料的直接供给。

从鱼类生理代谢的角度讲，鱼类需要获得一定量的维生素才能维持正常的生理活动和生长。在饲料生产中，人们更关心的往往是饲料中维生素的添加量或者饲料中维生素的适宜含量。添加量的确定固然必须以需要量为依据，但两者并非等同。添加量的确定受很多因素的影响，如鱼的生长阶段、生理状态、放养密度、食物来源及饲料加工情况等。

七、营养物质间的相互关系

鱼类摄食饲料后，饲料中的营养物质便被消化吸收并进入机体代谢过程。由于饲料中的营养素成分多样，各种营养素不仅具有各自的营养功能，而且互相之间有着极其错综复杂的关系。可以肯定，任何一种营养素在机体内从消化吸收开始到代谢结束都与其他营养素密切相关。它们或互相协同，或互相制约，或互相拮抗。各营养素之间互相影响的方式虽极其多样化，但归纳起来不过有几种类型：①营养物质之间相互转变；②营养物质相互直接发生物理的或化学的作用；③相互对机体的吸收和排泄产生影响；④一些营养物质参与或影响另一些营养物质代谢系统的作用（亦可通过激素的作用而间接影响）。由于各种营养素共同存在饲料原料中，而任何一种饲料其所含营养物质，均不可能与养殖对象的营养需要完全符合。

第二节　饲料的选择

饲料是饲养动物的物质基础，凡是能为饲养动物提供一种或多种营养物质的天然物质或其加工产品，使它们能正常生长、繁殖和生产各种动物产品的物质均被称为饲料。饲料原料绝大部分来自植物，部分来自动物、矿物和微生物。

水产动物种类多、食性广，可供其利用的饲料种类很多，为了合理利用饲料资源，正确而有效地配置动物饲料，掌握各种饲料原料的营养特性及其加工方法是十分必要的。在传统的养殖方式中，鱼类食物主要来自水体饵料生物（浮游生物、底栖生物等）及各种水生、陆生青饲料。随着养殖生产的发展方式的变革，放养密度的大幅度提高，而且养殖对象多为"吃食性"鱼类，对投喂配合饲料的依赖性日益增加，在现代化养殖业中配合饲料发挥着越来越重要的作用。

我国传统的饲料分类是按饲料的来源、理化性状及动物的消化特征等条件，将饲料原料分为动物性、植物性、矿物质和其他饲料，或分为精饲料、粗饲料、多汁饲料等，但此等分类方法不能反映出饲料的营养特征，需要一个能反映营养特征的科学的分类方法。

一、蛋白质饲料

蛋白质饲料是指饲料干物质中粗纤维含量少于 18% 而粗蛋白含量大于 20% 的饲料。鱼类饲料的特点是高蛋白，因为蛋白质饲料在鱼类饲料配方中的用量一般都在 40% 以上，高的可达 80%；配合饲料的蛋白质品质主要也取决于所用的各种蛋白质饲料的蛋白质品质

及相互间的互补能力。蛋白质饲料种类很多，按其来源可分为植物性蛋白饲料、动物性蛋白饲料和单细胞蛋白饲料。

（一）植物性蛋白饲料

植物性蛋白质饲料包括豆类籽实、饼粕类和其他植物性蛋白质饲料。这类蛋白质饲料是动物生产中使用量最多、最常用的蛋白质饲料。该类饲料具有以下共同特点。

（1）蛋白质含量高，且蛋白质质量较好 一般植物性蛋白质饲料粗蛋白质含量在 20% ~ 50% 之间，因种类不同差异较大。它的蛋白质主要由球蛋白和清蛋白组成，其必需氨基酸含量和平衡明显优于谷蛋白，因此蛋白质品质高于谷物类蛋白，蛋白质利用率是谷类的 1 ~ 3 倍。但植物性蛋白质的消化率一般仅有 80% 左右，原因在于大量蛋白质与细胞壁多糖结合（如球蛋白），有明显抗蛋白酶水解的作用；存在蛋白酶抑制剂，阻止蛋白酶消化蛋白质；含胱氨酸丰富的清蛋白，可能产生一种核心残基，对抗蛋白酶的消化。此类饲料经适当加工调制，可提高其蛋白质利用率。

（2）粗脂肪含量变化大 油料籽实粗脂肪含量在 15% ~ 30% 以上，非油料籽实粗脂肪含量只有 1% 左右。饼粕类脂肪含量因加工工艺不同差异较大，高的可达 10% ，低的仅 1% 左右。

（3）粗纤维含量一般不高 基本上与谷类籽实近似，饼粕类稍高些。

（4）矿物质中钙少磷多 主要是植酸磷。

（5）维生素含量与谷实相似 B 族维生素较丰富，而维生素 A、维生素 D 较缺乏。

（6）大多数含有一些抗营养因子 影响其饲喂价值。

（二）动物性蛋白饲料

动物性蛋白饲料包括优质鱼、虾、贝类、水产副产品和畜禽副产品等，这类饲料的特点是：①蛋白质含量丰富，品质较好，富含赖氨酸、蛋氨酸、苏氨酸、色氨酸等必需氨基酸。鲜体含蛋白质 11.4% ~ 21.8% ，而在干物质中蛋白质一般都在 30% 以上。②某些种类含脂肪较多，如肉粉、蚕蛹，脂肪含量过高，容易酸败变质，应进行脱脂处理。③含糖量很低，几乎不含粗纤维。④灰分含量高。这不仅是因为有肉骨、鱼骨，而且动物软组织本身灰分含量就很高，如血、肝、乳品等灰分含量都在 5% 以上，特别是钙、磷含量丰富。⑤此类饲料维生素含量丰富，特别是 B 族维生素。此外还含有一种包括维生素 B_{12} 在内的动物蛋白因子，能促进动物对营养物质的吸收。

（三）单细胞蛋白

单细胞蛋白也称微生物饲料，是一些单细胞藻类、酵母菌、细菌等微型生物体的干制品。它是饲料的重要蛋白来源。因为它具有任何其他养殖业不可比拟的繁殖速度和蛋白质生产效率，同时微生物产品含蛋白质丰富，一般为 42%～55%，蛋白质质量接近于动物蛋白质，蛋白质消化率一般在 80% 以上，特别是赖氨酸、亮氨酸含量丰富，但含硫氨基酸含量偏低。维生素、矿物质含量也很丰富，此外尚含有一些生理活性物质。更为重要的是生产单细胞蛋白质兼有处理废水、废渣的功效、占地少，可进行工业化大量生产。

二、能量饲料

能量饲料是指干物质中粗纤维少于 18%、粗蛋白少于 20% 的一类饲料，如谷实类。此外，还包括含能量极高的饲用油脂。能量饲料的主要营养成分是可消化糖类（淀粉），而粗蛋白含量很低，因此在动物营养中主要起着提供能量的作用。

鱼类饲料的特点是高蛋白、低能量，而且对糖类的利用率较低，所以能量饲料在鱼类配合饲料中的用量很低，但能量饲料仍然是鱼类配合饲料配方中用量仅次于蛋白质饲料的一类重要原料，其含量约占配方的 10%～45%，肉食性鱼类的用量较少，而草食性和杂食性鱼类用量较高。

三、粗饲料和青绿饲料

1. 粗饲料

按照定义分，粗饲料系指该物质中粗纤维含量在 18% 以上，体积大，难消化，可利用养分较少的一类饲料，主要包括干草类、干树叶类、稿秕等。

（1）干草 系指青饲料在结籽前收割，经晒干或人工干燥制成，由于干制后仍保持一定的青色，故又称为青干草。干草的营养价值取决于原料植物的种类、生长阶段与调制技术，其粗纤维含量约为25%～30%，粗蛋白含量在10%左右，维生素含量较丰富，草食性鱼饲料中可配入部分干草粉。

（2）叶粉 由青绿树叶或落叶干燥粉碎而制成。较好的树叶有：桑、榆、柳、槐、柞、松、梨、苹果等树的树叶。一般是嫩鲜叶、青草叶、青干叶叶粉营养价值较高，落叶、干枯叶营养价值低。优质叶粉干物质中粗蛋白含量在20%以上，含有较丰富的维生素，可作为鱼饲料的原料，少量添加。

（3）稿秕饲料 指农作物籽实成熟以后，收获籽实所剩余的副产品，如玉米秸、稻草、麦秸、花生壳、大豆荚皮、玉米包皮、稻壳等。粗纤维含量约为33%～50%，此类饲料营养价值很低，不宜作鱼饲料。

2. 青绿饲料

处于生长阶段用于饲料的绿色植物，称为青绿饲料，简称青饲料，包括水生植物、牧草、叶菜类等。其特点是含水量高，水生青饲料水分含量可达90%～95%；蛋白含量较高，按干物质计算，一般约为10%～25%，氨基酸成分齐全，生物价较高；粗纤维含量低，维生素含量丰富。

作为草食性鱼类的饲料，常用的水生植物有芜萍、小浮萍、苦菜、马来眼子菜、黄丝草、紫背浮萍等。

四、配合饲料

所谓配合饲料是指根据动物的营养需要，将多种原料按一定比例均匀混合，经加工而成一定形状的饲料产品；配合科学合理，营养全面，完全符合动物生长需要的配合饲料，特称之为全价配合饲料。由于养殖对象不同，生长阶段不同，所需的配合饲料，从营养成分到饲料性状和规格都会有所不同。在鱼类养殖成本中，配合饲料的费用约占总成本的60%～70%。

鱼类养殖，能获得高产的原因，除控制养殖水环境，选择优良养殖对象，培育健壮品种，实行科学饲养管理外，应用优良的配合饲料也是一个重要的因素，可以说没有配合饲料的生产，就不会有鱼类养殖业的发展。生产实践证明：配合饲料和生鲜饵料及单一饲料相比有如下优点。

（1）因鱼而制　配合饲料是按照鱼的种类、不同生长阶段的营养需要和其消化生理特点而配制的，在加工中经过蒸汽调质和熟化，营养全面平衡，饲料易于消化，适口性好，病菌减少，其质量可以控制在要求的标准以内。从而降低饲料系数，降低生产成本，提高经济效益。

（2）性能稳定　配合饲料通过加热，使淀粉糊化，增强了黏结性能，提高了饲料在水中的稳定性；并由于投饲量少，不易腐败，水质污染轻；便于集约化经营，增加鱼类的放养密度，提高养殖效益。

（3）来源广泛　配合饲料的原料来源广，可以合理地开发利用各种饲料源。除采用粮食、饼粕、糠麸、鱼粉等各种动、植物作为原料之外，各种屠宰场、肉联厂、水产品加工厂的下脚料，酿造、食品、制糖、医药等工业的副产品都可做配合饲料的原料。

（4）易制作　配合饲料可以做到预贮存原料和常年制备，不受季节和气候的限制，从而能保障供应，满足投饲需要。

（5）易保存　配合饲料中添加抗氧化剂、防霉剂等各种饲料添加剂，可延长保存期，提高配合饲料质量。且配合饲料含水分少，体积小，用量少，使用安全，保管、运输方便。

第三节　投饲技术

在鱼类养殖过程中，合理地选用优质饲料，采用科学的投饲技术，可保证鱼体正常生长，降低生产成本，提高经济效益，如果饲料选用不当，投饲技术不合理，则浪费饲料，效益降低。当今，随着养殖科学技术的不断进步，新的养殖对象和新的养殖方式的不断出现，新的养殖对象和精养高产方式不仅要求优质饲料，而且对投饲技术要求也很高；池塘养鱼业要注意投饲技术，才能有效地提高池塘生产力。投饲技术包括确定投饲量、投饲次数、场所、时间以及投饲方法等内容。我国传统的养鱼生产中提倡的"四定"（即定质、定量、定时、定位）和"三看"（看天气、看水质、看鱼情）的投饲原则，是对投饲技术的高度概括。

投饲量：投饲率是指投放水体中的饲料占鱼体的百分数。投饲量是根据水体中载鱼量在投饲率的基础上换算出来的具体数值，随着水体中载鱼量而变动。它受饲料的质量、鱼的种类、鱼体的大小和水温、溶解氧、水质等环境因子以及养殖技术等多种因素的影响。

种类：不同种类的养殖动物食性复杂，生活习性、生长能力以及最适生长所需的营养要求不同。另外，它们的争食能力、摄食量也不相同。如草鱼和团头鲂同属草食性鱼类，而草鱼摄食量大，争食能力强。

体重：幼鱼阶段，新陈代谢旺盛，生长快，需要更多的营养，摄食量大；随着鱼体的生长，生长速度明显降低，所需的营养和食物就随之减少。所以在养殖生产过程中，幼鱼与成鱼的投饲率要高，一般鱼类的体重与其饲料的消耗成负相关。

水温：鱼类是变温水生动物，水温是影响鱼类新陈代谢最主要的因素之一，对摄食量影响更大，一般在适温范围内随温度的升高而增加。为满足营养的需要，应根据不同水温确定投饲率，在一年当中，各月水温不同，其投饲量的比例也有变化。

溶解氧：水中溶解氧也是影响鱼类新陈代谢的主要因素之一。水体中溶解氧含量高，鱼的摄食旺盛，消化率高，生长快，饲料利用率也高；水体中溶解氧含量低，鱼类由于生理上的不适应，使摄食和消化率降低，并消耗较多的能量。因此，生长缓慢，饲料效率低下。

另外，环境条件、饲料加工方法、饲料品质以及投饲方法等均能影响饲料效率和投饲率。实践证明，个体和群体、单养和混养，鱼类的摄食量也受到影响，一般说来，在群体和混养的条件下，鱼类的摄食量都比较高。

投饲量的确定：正确地确定投饲量，合理投喂饲料，对提高鱼产量，降低生产成本有着重要的意义。在生产上确定投饲量常用如下两种方法，即饲料全年分配法和投饲率表法。

（1）饲料全年分配法 就是根据养殖方式、所用饲料的营养价值以及生产实践经验相结合综合考虑的方法。其目的是为了做到有计划的生产，保证饲料能及时供应，根据鱼类生长的需要，规划好全年的投饲计划。首先按池塘或网箱等不同养殖方式估算全年净产量，再确定所用饲料的饲料系数，估算出全年饲料总需要量，然后根据季节、水温、水质与养殖对象的生长特点，逐月、逐旬甚至逐天的分配投饲量。

（2）投饲率表法 投饲率亦称日投饲率，指每天所投饲料量占养殖对象体重的百分比，投饲率表法是根据不同养殖对象，不同养殖规格鱼类在不同水温条件下试验得出的最佳投饲率而制成的投饲率表，以此为主要根据，结合饲料质量及鱼类摄食状态，再按水体中实际载鱼量来决定每天的投饲量。

每天的实际投饲量主要根据季节、水色、天气和鱼类的吃食情况而定：①在不同季节，投饲量不同。冬季或早春气温低，鱼类摄食量少，要少投喂；在晴天无风气温升高时可适量投喂，以不使鱼落膘；在刚开食时应避免大量投喂，防止鱼类摄食过量而死亡；清明以后，投饲量可逐渐增加，夏季水温升高，鱼类食欲增强，可大量投饵，并持续至 10 月上旬；10 月下旬后，水温日渐降低，投饲量也应逐渐减少。②视水质状况而调整投饲量。水色过淡，可增加投饲量；水质变坏，应减少投饲量；水色为油绿色和酱红色时，可正常投喂。③天气晴朗时可多投饲，梅雨季节应少投饲，天气闷热无风或雾天应停止投饲。④根据鱼的吃食情况适当调整投饲量。

养鱼投饲技术：投饲技术水平的高低直接影响鱼类养殖的产量和经济效益的高低。因此，必须对投饲技术予以高度的重视，要认真贯彻"四定"和"三看"的投饲原则。

第四章 主要养殖方式、技术及养殖效益

内容提要：流水养殖；池塘养殖；网箱养殖；稻田养殖；堰塘、山塘养殖；水库、河道养殖；养殖效益分析。

第一节 流水养殖

流水养殖（图4-1）是相对于静水池塘养鱼的一种养鱼方式，鱼类始终在流水中生长。由于不断向养鱼池中大量注入新水，输送溶解氧，并带走鱼类代谢废物、粪便及残饵，使池水始终能保持较高的溶解氧和清新的水质，从而可以大幅度地提高放养密度，并通过强化投饵使鱼类快速生长，缩短养殖周期，达到高产的目的。流水养鱼除产量高、鱼产品集中外，还能极大地提高土地利用率和劳动生产率。特别适合土地不足，不便建池但水资源丰富的地区来发展，是合理地综合利用水资源的好途径。由于它是集约化养殖的一

图4-1 流水养殖地

种形式，因此也有投入较大，风险较高的特点。

流水养殖按水的流动方式可分为开放式流水养鱼和封闭式流水养鱼两种基本类型。

一、开放式流水养鱼

（1）常温流水养鱼　又称为普通流水养鱼，一般利用自然落差的溪流水、水库水等为水源。其特点是水不断自流入池，排出的水不重复利用。具有投资少、建池容易、管理方便的优点，在国内发展很快。

（2）温流水养鱼　是利用水温高于自然状态的水，如温泉、深井、电厂、酒厂等的温排水来调节常温状态的水，使水温一直处于鱼类最适范围内，加速鱼类生长，养鱼用过的水一般不重复使用。温流水养鱼设施简单，管理方便，在温流水资源丰富的地区，开发潜力很大。

二、封闭式流水养鱼

又叫循环过滤式养鱼或工厂化养鱼，生产过程为全部自动化、机械化的养鱼系统，是流水养鱼的高级形式。它将养鱼用过的水回收净化处理后重复使用，故耗水量少。封闭循环养殖系统不受季节变化的限制；人工控制鱼类的生活环境，因此单位面积鱼产量很高。但由于要建造水净化系统和加温设备，设备投资大，生产费用高，技术水平要求也高，故目前在我国仍处在试验阶段。因此，本章重点介绍常温流水养鱼方式。

（一）流水池址选择

流水养鱼池要求水源充足、水质优良、水位稳定、水温适宜、水温恒定在一定温度范围内，阳光充足、溶解氧高、饲料和鱼种供应方便。鱼池最好能选建在有自然落差，而又可引用水库、灌渠河流、小溪水量自流化的附近；或选建在无污染，常年不断的山泉水系旁；或选建在电厂附近，可利用废热水流水。能利用这些流水养鱼，可降低生产成本，提高经济效益。

此外，建池环境还要求安静，减少对鱼的惊扰，以免增大鱼类活动代谢量，消耗鱼体吸入的营养物质。另外还要考虑是否受洪水威胁等情况。

（二）流水池的结构

1. 池形

流水鱼池的池形有圆形、椭圆形、正方形、长方形、长方形切角、梯形、三角形、不规则形状等，各种形状在生产使用中各有优劣。圆形池的水体交换均匀，没有死角，池底为锥形坡底，在池中心设排污口，利用水力排污，排污效果较理想。但在水量小、水压小的地方不宜采用，同时池水作圆周运动，易引起鱼顶水逆游消耗体力较大。连片修建圆形池，对地面利用率小，池壁不能相互利用，单位造价高。

使用较多的长方形、长方形切角池形，水体交换效果好，虽然要形成死角，易沉积污物，但鱼群密度较大时，由于鱼类活动和水流的作用，污物的沉积并不明显。同时它具有结构简单、容易布局，施工方便，地面利用率高，相邻鱼池的池壁可共同使用，成片建造、节约成本的优点。

椭圆形池的特点介于圆形和长方形之间。梯形、三角形和不规则形是日本常温流水式养鲤常用的池形，我国很少使用。正方形与长方形鱼池有共同的优点，但水体交换不均匀，有明显的死角。

2. 流水池面积

流水养鱼场总体面积是根据水量大小来确定。就单个鱼池来说，其面积以养殖鱼类不同发育阶段和有利于水体交换以及地形条件而定。一般苗种培育池为 10～50 平方米，成鱼池为 60～120 平方米。

3. 流水池深度

池塘养鱼需要水深才能获得高产，但流水养鱼则不同，水过深反而对产量有影响。在单位时间内，同样流量流入面积一样的流水池，水深则池水体积大，水体交换需水量大，交换时间长即交换次数少；水浅则池水体积小，水体交换需水量小，交换时间短，交换次数多。流水池水过深，下层水体不易得到交换，因此流水池的水不宜太深，只要保持鱼类一定的活动水体就可以了。成鱼池水深一般为1~2米，最浅的只有0.5米；苗种池可以采取初期水在0.3~0.5米之间，随着鱼体生长逐渐加深池水到0.8~1米。

4. 池底坡降和长宽比例

池底应有一定的倾斜度，使污物随水力和坡降集中到排水口排出池外，也便于排干池水清洁池底，鱼池坡降一般为1%~3%为宜。建长方形或长方形切角鱼池时，鱼池长宽比例一般为（2.5~3）:1。

5. 流水池的设置

根据进、排水方式不同，流水池的排列有串联和并列两种设置方式。如果水源的水量、地形允许，最好采用并列方式，这样进、排水系统每个鱼池完全分开，有利于水体交换，提高产量，减少鱼病传播机会。在水量不足，地形又受到限制的情况下，不得已采用串联方式建池，则以不超过两口为好。因串联方式水体重复利用，溶解氧降低，鱼病感染率增加，影响鱼产量。

（三）鱼种放养

1. 放养种类

流水养鱼养殖种类以吃食性鱼类，如鲤鱼、草鱼、鲟鱼、虹鳟等为主，鲢鱼、鳙鱼等滤食性鱼则不宜放养。流水池放养不能像池塘养鱼那样多品种、多规格的鱼类混养。池塘水体深，可以分层养鱼，充分利用水体空间和饵料。而流水池水深一般在1~1.5米，最深2米左右，加上密度大，强制投饵，即使习惯在下层活动的鱼类，放入流水池后，由于水体和摄食的需要，也只能在上层活动。同时各种鱼类抢食能力不一样，混养在一起，势必形成以强挤弱，以大克小，饥饱不均的现象。同时各种鱼类对营养要求不一致，饲料不同，因此，流水养鱼池只能是同品种同规格的鱼单养。为利用残饵和池壁附着藻类，可以少量混养某些刮食性鱼类。

2. 鱼种来源与规格

流水养鱼池的鱼种来源有以下几个方面：一是苗种池专池培育；

二是利用网箱培育鱼种；三是流水池培育鱼种。网箱和流水池及苗种池专池培育较好，因其捕捞方便，数量大且集中，鱼种规格整齐，经过颗粒饲料投喂进池后容易驯化。鱼种规格应根据市场要求和放养种类的生长规律合理设计，鱼种质量要求健康、大小整齐。

3. 鱼种放养前的准备

新建流水池在鱼种放养前应该做好以下准备工作。

（1）试水运行 流水池建好后要进行试水运行工作，检查进水情况、水体交换情况、排水、排污设施是否符合设计要求，同时检查鱼池质量、保水性能。初步掌握鱼池运行性能和流量调节操作。

（2）放鱼种前清扫池壁池底 用清水将鱼池浸泡 10～15 天，鱼种放养前一周用生石灰（每平方米 0.5 千克）兑水泼洒消毒，装鱼前 3 天用清水灌满鱼池，冲排数次将石灰冲洗干净。在关放水时，并列鱼池应注意保持相邻鱼池水位的平衡，避免造成池壁两侧压力不均而发生垮塌事故。

（3）检查设施 检查拦鱼栅、闸板等是否贴合紧密，闸有无破损，闸阀开闭是否灵活，进、排水渠道有无障碍等，及时排除和维护好，保证万无一失。

（4）放试水鱼 放鱼前一天应放试水鱼，证明无毒后再放鱼种。

4. 放养密度

放养密度随流量和鱼种规格而定。在适宜于放养品种的流量范围内（不超过养殖品种的极限流速），流量大，放养密度应尽可能大，才能获得较高的产量，低放养密度虽然相对增长量高，但绝对增长量受到影响，不利于充分利用空间和提高产量。因此，合理地放养量应是在一定的水流情况下，在养殖期不影响鱼类生长速度和达到商品鱼上市规格的最大数量。

（四）日常管理

流水养鱼的日常管理包括调节池水流量、喂食、排污、观察池鱼动态、注意水质变化、防病防逃及定期擦洗池壁等。

1. 投饲技术

目前流水养鱼多采用撒喂人工配合颗粒饲料，因流水池鱼类密度大，池水又经常不断地流动，为防止饲料流失，应将饲料投喂在池中央。在进、出水口，不可投饲料。应掌握少量多次，均匀投饲的原则。投饲时，要求全部鱼摄食到八成饱为止，每次投喂时间为20～30分钟，每天投喂2～6次。每天颗粒饲料投喂量约占鱼体总重量的2%～3%，可根据投饲率乘以池存鱼总重量，求出日投饲量。流水养鱼投饲量的确定方法和调整原则可参看第四章第三节网箱养殖部分。

2. 定时排污

做好排污工作是保持水质良好的一项重要措施。流水养鱼是高密度精养，鱼类粪便、残饵多，除平时随排水带走部分外，还应定期放水排污。排污操作要迅速，并调节好进水和排水量，避免因排污放水，使鱼堆积在拦鱼栅、网上摩擦、挤压受伤，或进水流速太快，使鱼疲乏受伤。

鱼类养殖初期因鱼种小、投饵量小、水温低、有机物耗氧不多，污物可随水排出，一般不放干池水排污。随着水温升高，鱼体长大，鱼摄食量增加，粪便、残饵增多，有机物耗氧量增加，靠加大流量和鱼群活动排污已不够，需每隔10天左右，放水排污一次。

3. 巡池检查

每日巡池时应注意观察鱼群的活动情况，摄食强度，以判断水质状况。首先要调节好池水流量，随着鱼体长大，逐步增加池水交换量，以保证池水中溶解氧充足，使鱼摄食旺盛，生长迅速。若发现水质变坏或缺氧，应补充大量新鲜水；若发现定向注水过急，水量过大，也要及时加以调整。流量适当才能使鱼在正常的水环境中，游动活跃，争食饲料。其次还要注意防洪防逃，在雷雨防洪季节做好排洪工作和及时疏通渠道，避免洪水冲垮进水渠。每日检查拦鱼栅是否破损，以防逃鱼。

第二节　池塘养殖

我国疆域辽阔，具有丰富的淡水资源，淡水总面积达 2.5 亿亩，其中池唐面积达 5 000 多万亩，为开展池塘养鱼提供了很好的物质条件，是我国淡水渔业的主要组成部分。由于池塘水体较小，人力容易控制，因此，便于采取综合的技术措施进行高密度精养，从而大大提高单位面积的鱼产量，养殖产量可达 5 000 多万吨。

我国的水产科技工作者把群众的先进经验概括为"水、种、饵、密、混、轮、防、管"的八字精养法，用来指导实践，促进了池塘养鱼的发展。池塘养鱼管理就是具体运用八字精养法指导生产的过程，为此，我们应充分理解八字精养法的内涵。

一、水

养鱼的池塘环境条件必须符合鱼类生活和生长的要求。俗话说："养好一塘水，就养好了一塘鱼。"这充分说明了水对鱼的重要性。

（1）**水体**　这主要由池塘面积和水深来决定。渔谚云："宽水养大鱼"，"一寸水，一寸鱼"也说明了池塘面积和水深对鱼类生长和鱼产量的重要作用。小水体池塘养殖要求鱼塘为 3～5 亩左右、水深为 1～2 米较为合适，这样便于管理，也有利于鱼类生长。面积较大和水较深的池塘，溶解氧状况良好，水质较稳定，因而能较好地适应肥水养鱼的要求。因为施肥量大的池塘，消耗氧量多，水质易变化，而面积较大、水较深的池塘能在一定程度上减轻和缓和这方面的矛盾，保持池水既较肥沃，溶解氧又较高。但池塘过大过深，对提高产量也不利，面积过大则投放饲料和鱼类吃食不易均匀，水质肥度不易控制，操作管理不方便，实行高度精养有一定困难。池水过深，则下层水光照强度弱，光合作用不明显，且上下层水不容易对流，阻碍池塘物质循环，降低池塘生产力，故池塘不宜过大过深。开增氧机也是为了促进上下层水对流，增加溶解氧。

生产上池塘最好整齐规则，呈东西向长方形（5:3），周围不应有高大树木等障碍物，以免挡住阳光照射和风力吹动，影响光合作用和溶氧量的提高。

（2）水质 包括水温、水色，透明度（反映水中浮游植物和浮游动物的数量多少），pH 值、溶氧量、$NH_4^+ - N$、$NO_3^- - N$、$NO_2^- - N$、H_2S、重金属离子等。我国对养殖用水水质标准进行了规范，但很多养殖对象特别是名贵优特品种很多都对水质有更高的要求，特别是对 pH 值、溶氧量、$NH_4^+ - N$、H_2S 等指标有更为严格的要求。总的来说，池塘养鱼在生产过程中对水质总的要求是"肥、活、嫩、爽"。

二、种

要有数量充足，规格合适，体质健壮，符合养殖要求的优良鱼种。具体表现为：种类齐全，数量充足，规格合适，健壮无伤。"好种才有好收成"，优良的鱼种，在饲养中成长快，成活率高，为高产奠定了基础。鱼种主要应由养鱼单位自己培养，这样既可做到有计划地生产鱼种，在数量和规格上满足放养的需要；并可避免长途运输鱼种而造成鱼体受到损伤，以致死亡，或放养后发生鱼病，影响成活率，增加了成本，降低了效益。培养足够数量的鱼种，必须有一定面积的鱼种池，鱼种池和食用鱼池的比例，随着养殖方式和方法不同而有所差异，一般的鱼种池占总面积的 25%～40%，食用鱼池占 60%～75%。具体情况，围绕"合理安排，各尽其用，经济有效"总要求进行，一般正规渔场和有经验的养殖户都会尽量注意这一点。

三、饵

即供应充足的、营养成分较全面的饲料，也包括施肥培养池塘中的天然食料生物。近年来，随着鱼农养殖经验的不断丰富和认识的不断提高，鱼用配合饲料以其营养价值高、鱼生长速度快、防病能力强和投喂方便而越来越受到欢迎。水产饲料在很多饲料企业的生产比例也是节节上升。好的饲料还要科学地投喂，才能最大限度

地发挥作用。在饲料投喂方面，实行"四定"的方法。

四、密

合理密养，鱼种放养密度既较高又合理。"密"与"混"密切相关，在混养基础上，才能提高池塘放养密度，充分发挥池塘潜力。在生产中，决定密度的有以下三个因素：

(1) 池塘条件 水源水质好，且池水较深，不易浮头的池塘可以适当增加。

(2) 鱼种的种类和规格 混养多种鱼类的池塘，放养量可以大于单养和混养种类少的池塘。从放养规格来看，食用规格要求较大的如青鱼、草鱼等的放养尾数应比小型鱼（如鲮、鲫等）放养尾数少而放养重量要大。

(3) 饲养管理水平 在饲料、肥料充足，管理细致，养鱼经验丰富、技术水平较高，养鱼设备优良时，可以增加放养量。具备上述条件后，统计历年的产量、放养量。以成鱼产品规格作参考也很重要。如果鱼类生长良好，单位产量较高，饵料系数不超过平均水平，鱼类浮头次数少，说明放养量适中，否则表明放养过密，应对放养密度进行调整。

五、混

实行不同种类、不同年龄与规格鱼类的混养。从鱼类的栖息习性，相对地可分为上、中下和底层鱼类，以鲢、鳙为上层鱼，草鱼、鳊、鲂为中下层鱼，青鱼、鲮、鲤、鲫为底层鱼，将它们混养在一起，有以下几点意义：①可以充分利用池塘各个水层，同单养一种鱼相比，可以增加池塘单位面积的放养量，从而提高池塘鱼产量。②能更充分利用池塘中的各种饲料资源，更好地发挥池塘潜力。③有相互利用和相互促进的关系。草鱼粪便肥水，培养浮游生物给鲢、鳙吃，从而降低了肥度，促进草鱼生长。这符合我们提倡的立体养殖和生态养殖的要求。这样既提高了饲料的利用率，增加了产量，又降低了成本。④同种异龄鱼的混养，可在食用鱼塘生产一部分大规格鱼种，满足次年放养的需要，而且也为轮捕轮放提供了必要的基础。但是，在混养中，各种鱼之间也有相互矛盾和排斥的一面，如鲢和鳙竞争食料。故混养时应注意以下几点：①混养类型要合理；②混养密度不宜过大；③混养比例要合理。

六、轮

轮捕轮放，始终保持池塘鱼类较合理的密度。轮即"一次放足，分期捕捞，捕大留小"，这主要做到了整个饲养期间始终保持池塘鱼类合理的密度，有利于鱼体的成长和充分发挥池塘生产力；还可加速资金周转，有利于促进生产力的发展。注意事项：①捕鱼时间须选择天气正常、比较凉爽、鱼不浮头时进行。②捕鱼前一天适当减少投饲量。③捕捞后，应开动增氧机增氧。④尽可能在捕鱼后全塘消毒。

七、防

鱼病的预防是鱼类养殖生产中十分重要的工作。它直接影响到养殖生产的成败和效益。"防重于治"是养殖生产的重要方针。由于鱼生活在水中，它们的活动情况难以观察，鱼病一旦发生和流行，诊断和治疗都比较困难。特别是由于鱼个体较小，在规模性生产中不可能采取普遍注射等疗效较好的措施加以治疗；再加上鱼发病后病情较重时一般都没有食欲，因而无法通过内服药物进行治疗，即使有特效药也难以达到预期的目的，因此药饵治疗也只能挽救病情较轻或对没有发病的鱼进行预防。另外，从目前的技术水平看，一些病毒性鱼病还没有很好的治疗方法。因此要防止鱼病的发生，必须坚持以预防为主的方针。对鱼病的预防不但要注意消灭传染病的来源，尽可能切断侵袭和传染的途径，而且应注意增强鱼的体质，提高鱼体的自身抗病能力，才能达到预期的预防效果。

八、管

实行精细的、科学的池塘管理工作。一切养鱼的物质条件和技

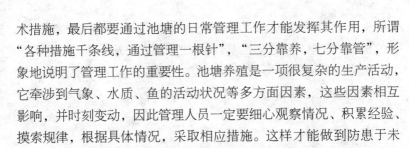

术措施，最后都要通过池塘的日常管理工作才能发挥其作用，所谓"各种措施千条线，通过管理一根针"，"三分靠养，七分靠管"，形象地说明了管理工作的重要性。池塘养殖是一项很复杂的生产活动，它牵涉到气象、水质、鱼的活动状况等多方面因素，这些因素相互影响，并时刻变动，因此管理人员一定要细心观察情况、积累经验、摸索规律，根据具体情况，采取相应措施。这样才能做到防患于未然，把问题处理在萌芽状态。主要表现在以下几点。

（1）**巡塘** 经常观察池鱼动态，一般早、中、晚巡塘 3 次。黎明前后观察鱼在池中有无浮头现象，浮头的程度等。白天则检查鱼的活动和吃食情况，傍晚检查全天的摄食情况，有无残饵，有无浮头的征兆等。酷暑季节、天气突然变化时，还要半夜巡塘，以便能在鱼严重浮头造成损失前及时采取补救措施，防患于未然。同时也防止池堤倒塌，网箱破漏和偷盗。

（2）**随时除草去污，保持水质清新和池塘环境卫生，及时防除病害** 池塘水质既要较肥，又要较为清新，含氧量较高，有利于鱼类的摄食和生长。因此，除了必须根据施肥和水质变化，经常适量加注新水调节水质和水量外，还要随时捞除水中污物、残渣，割除池边芦苇、杂草，以免污染水质，影响水中溶氧量。经常性的池塘清洁卫生工作往往容易被忽视，但这是防病除害的重要环节，只有在保证鱼池卫生的基础上，才能谈到防治鱼病。

（3）**掌握池水注排，保持适当水位** 平时要随着鱼体生长，结合调节水质，适时增加池塘水量。根据情况，10～15 天注水 1 次，以补充蒸发消耗，稀释池水，保持一定的水位，以利于鱼类成长。旱季要做好防旱工作，雨季做好防涝和防逃工作。

（4）**定期检查鱼体，做好池塘日记，以便统计分析** 每隔一定时间（半月或一个月）或结合轮捕检查鱼体成长情况，可据此来判断前阶段养鱼效果的好坏。结合其他情况，必要时对下阶段的技术措施进行调整（如增减饲料、肥料量，改进投放方法，调节水质、水量等）。如发现鱼病，应及时采取措施防治。

池塘日志是有关养鱼措施和池鱼情况等的简明记录，据以分析情况、总结经验、检查工作的原始数据和作为下一步改进技术、编订计划的参考。实行科学养鱼，一定要做好每口池塘的日志，这是最基本的工作。

第三节　网箱养殖

一、网箱养殖及其原理

网箱养殖就是在适宜的水域中，设置一定规格和数量的网箱，依靠箱内外水体交换，保持箱内水质清新，溶氧量高，投放相当数量的鱼种，以商品饲料投喂为主，辅以天然饵料，从而达到优质高产。网箱养殖是起源于柬埔寨的湄公河，1973年引入我国并逐渐发展起来的一种新兴科学养鱼模式。具有投资少、产量高、见效快，能够最经济且最大限度地利用现有水资源，设施简单，捕捞灵活方便，易于推广等优点，目前已经成为我国水产养殖业的重要组成部分。

网箱养殖（图4-2）能够获得高产的原理主要有以下几点。

图4-2　网箱养殖

49

（1）流动水域环境　由于受水流和鱼群游动的影响，网箱内外水体因水流及鱼群游动得到不断交换，形成一个流动水流环境，为网箱内的鱼群提供源源不断的丰富饵料和充足溶解氧，同时又把箱内鱼群的排泄物和食物残渣带走，使之形成一个适宜鱼类生长的良好环境。

（2）饲料利用率高　鱼类在网箱内由于活动范围小，密度大，食物竞争激烈，食欲旺盛，辅以适宜的投饲方法，合理、适时地供鱼取食，可以促进鱼类生长，提高饲料转化率，减少浪费，能最有效地利用人工饲料。

（3）减少运动　鱼群高密度生活在网箱小范围内，游动受到很大程度的限制，可以大大降低其能量消耗，增加营养累积，缩短养殖周期。

（4）便于观察　网箱养殖有利于观察鱼群的活动状况，便于管理和及时发现疾病，并加以控制防治，提高成活率。

（5）网箱本身对鱼群具有保护作用　网箱养殖既不受大水面环境的影响，又不受凶猛鱼类的侵扰，生活安定，为鱼类创造了良好的生长条件。

二、设置网箱水域的基本条件

网箱养殖要因地制宜，相对来说，它对环境条件的要求比池塘养鱼严格，一般要考虑以下几个方面。

（1）面积　水域面积不宜过小，通常宜为 30～100 亩，年最低水位不低于 3 米的水域设置网箱。

（2）地点　设置地点不宜太贴近敌害较多的林区。最好要有微流水或水体运动较强，有些封闭型的宽阔水域也可以适当设置网箱。

（3）水温　设置网箱水域的水温较高。一般要求 4 月中旬至 10 月下旬的日均水温在 15℃以上。如果水温低，鱼类生长期短，不利于网箱养殖。

（4）水质　设置网箱水域要求水质清新，水体溶解氧的含量应在 5 毫克/升以上，最低不能少于 35 毫克/升。pH 值在 6.5～8.5 之间为宜。透明度在40厘米以上为好，若低于20厘米而含沙量大的浑浊水体，不宜设置网箱。此外，水流中带有较多草木和其他漂流物，应有拦离设施，否则不能设置网箱。

（5）设置网箱应避开有工业废水排入或被污染的水域

（6）交通方便

三、网箱的种类

网箱的种类按箱体的装配方式、有无盖网，分为封闭式和敞口式网箱。养殖滤食性鱼类或在风浪较大的水域及需要越冬的水面设置网箱一般采用封闭式网箱；在风浪较小的水域养殖吃食性鱼类或养殖鱼种一般采用敞口式网箱。按网箱形状分，有长方形、正方形、多边形和圆形；按网箱设置方式分，有固定式、浮动式和下沉式三种。

1. 固定式网箱

固定式网箱是采用竹桩、木桩或水泥桩钉牢于水底，桩顶高出水面，将网箱固定于桩上，箱体上部高出水面1米左右，箱底离水底1～2米的一种网箱设置方式。此种类型的网箱由于有桩固定，比较牢固，可以设置在风浪较大的水域。但固定式网箱不能随水位变动而浮动，箱体的有效容积（浸没水中的深度）会因水位升降而发生变化，因此水位涨落太大的水域不宜设置。同时，由于网箱不能移动，不便检修操作。此外，鱼的粪便、残饵分解对网箱的水体污染较大，往往造成溶解氧较低的生态环境，一般情况下很少采用。

2. 浮动式网箱

浮动式网箱是采用最广泛的一种设置方式。相对于固定式网箱，可以把箱体悬挂在浮力装置或框架上，随水位变化而浮动，其有效容积不会因水位的变化而变化。这种架设方式主要适用于水体较深，风浪较小的水库、湖泊。由于网箱离底较高，也可转移养殖场所，相对减轻了鱼类粪便和残饵造成的水体污染，故能始终保持良好的水质条件。浮动式网箱抗拒风浪的能力较差，因此应加设盖网。

3. 下沉式网箱

下沉式网箱的箱体全封闭，整个网箱沉入水下，只要网箱不接触水底，网箱的有效容积一般不会受到水位变化的影响，在浮动式和固定式网箱不易设置的风浪较大的水域或养殖滤食性鱼类，采用这种网箱比较适宜。同时可利用下沉式网箱解决温水性鱼类在冬季水面结冰时的越冬问题。

四、网箱结构和规格要求

(一) 网箱的基本结构

网箱主要由箱体、框架、浮力装置、投饵装置四部分组成，其他附属设施有固定器、栈桥、浮码头和值班房等。选择网箱结构的材料时，应考虑到来源方便、经久耐用、价格低廉、制作装配方便、操作使用灵活机动等要求，力求把网箱架设得牢固扎实，避免垮塌和被大风吹倒等事故发生。

1. 箱体

箱体是网箱结构的主要部件，由网片和纲绳组成。我国网片使用的材料广泛采用聚乙烯合成纤维材料编制而成。相对密度为 0.94～0.96，几乎不吸水，能浮于水面，具有较好的强度，耐腐蚀、低温、日光的性能良好，材料轻便，价格便宜，一般可使用 5 年甚至更长时间。网片用 23 支直径为 0.21 毫米的单丝，或用直径为 0.25 毫米的单丝捻制成的股线编结。鱼种网箱选用的线号为 0.25/1×3、0.25/2×2、0.25/2×3。成鱼网箱选用的线号为 0.25/3×3、0.25/4×3。网片分无结节和有结节两种。在确定好网箱面积、形状、深度后，就可以选择适合的网片，剪裁缝合装配成形。剪裁网片前，先要考虑网箱的缩结系数。在生产中，水平方向缩结系数一般采用 0.5～0.6，垂直方向采用 0.7～0.8，由缩结系数计算出所需网目数，就可以进行剪裁了。将网片材料依照计算出的网目数剪裁，裁剪时要考虑缝合方向，一般是纵目方向缝合，因横目方向缝合，网箱下水后深度要减小。网片按所需目数裁剪好后进行拼接，将同目数的两片网片按纵向边目重叠后，用直径为 3～6 毫米的聚乙烯绳穿过，用细线逐目扎紧，其余几边照此办理。然后将拼接的网箱，装好纲绳，装上、下纲绳时按网箱水平方向的网目数平均分配到 5 米的纲绳上，同时再用一根较粗的纲绳加固，用双结将两根纲绳和网衣连扎在一起，箱体四角的纲绳须留一定长度作固定网箱或拴沉子用。网壁侧边，依此法将垂直方向网目均匀地分到 3 米长的纲绳上，并加固扎好即成。各种规格网箱在渔具商店都能买到，方便用户选购使用。也有用金属网片作箱体，采用 12～16 号铁丝编结或用型钢板轧成的钢板网。网片挺直、滤水性好，不易受敌害破坏，但防锈性能差，网箱装配和操作使用不方便，价格高，国内大部分水体中已淘汰，四川部分地区在渠埝、溪沟、河道养鱼时采用。

2. 框架和浮力装置

框架是箱体定形的装置。一般使用竹子、木条，密封塑料管或金属管为材料连接而成。竹、木易装配，价格低，但使用年限短，易破损，吸水后增加网箱负荷。塑料管和金属管经久耐用但成本高，可根据资源和价格选用。浮力装置，是浮动式网箱框架依托装置，竹、木吸水前有相当浮力，既可作框架，也可作浮子用，塑料管、聚乙烯塑料块、旧汽油桶及玻璃浮球等都可作网箱浮力装置材料。

3. 投饵装置

在养鱼先进的国家，一般设有自动投饵装置，包括投饵机和饲料盘。投饵机用金属制成，底部为漏斗状，用圆锥形活塞松动的关闭，活塞连接一根延伸到水表以下的杠杆，利用鱼在水中的游动碰撞杠杆开启活塞，从漏斗口投出颗粒饲料。鱼经过驯化就能有意识地碰撞杠杆求饵。也有利用水波动力，有规律地开启活塞投饵的，我国尚少使用。

4. 网箱养鱼的附属设施

（1）固定器 固定式网箱采用打桩固定箱体，不需其他固定器。浮动式网箱一般采用抛锚的方法，将绳的一端拴在箱体框架或浮力装置上，另一端系上条石、混凝土块或金属锚等重物抛入水中，视网箱多少、排列方式决定抛锚多少。若网箱离岸近，可用粗铁丝将网箱与岸上大树、水泥桩等连在一起固定。抛锚绳索以及与岸上相连的铁丝应与网箱之间留有一定余地，使网箱在一定范围内漂移和升降，防止因水位变化，绳索太短而拉垮框架，使网箱下沉的事故发生。

（2）**栈桥** 栈桥是网箱与岸边相连的装置，亦是上下网箱的人行通道，便于运送饵料，操作管理使用。栈桥通常用竹、木、水泥板、水泥桩、金属管等材料做成。

（3）**浮码头** 浮码头是水位较深，无法设置脚桩的水面设施，常利用旧汽油桶与竹木组成。为使浮码头不致摇晃，在浮码头两端用抛锚法加以固定即可。

（二）网箱的规格要求

1. 网箱的形状

网箱形状有正方形、长方形、多边形、圆形等。从制作装配、安装和操作管理方面考虑，长方形和正方形比较好。养殖滤食性鱼类，一般使用长方形，在安装时让水流方向垂直于网箱长边，可以通过更多的浮游生物。正方形网箱养殖给食性鱼类，可以把饵料投到网箱中心，减少散失的程度，有利于饵料利用。同时裁剪、制作、装配也较方便。多边形和圆形网箱在使用定量网片、深度相同的情况下，面积比正方形和长方形大。多边形为 1.15 ~ 1.20 个单位面积，圆形可达到 1.27 个单位面积，但多边形在剪裁、装配时麻烦，圆形在网底定形时不易达到理想的形状。所以我国多采用正方形、长方形两种。

2. 网箱的面积

我国已制定出网箱面积的规格标准，面积在 30 平方米以下的为小型网箱，面积为 30 ~ 60 平方米的为中型网箱；面积为 60 ~ 90 平方米的为大型网箱。目前生产中多使用中型网箱，同时还推广面积只有几平方米的小体积网箱。制作大型网箱，可以节约材料。投饵时，由于鱼群剧烈抢食游动，饵料投入网箱后距箱外相对距离较远，饵料流失率较低，但检查网箱时困难，网箱破损逃鱼量大，水体交换比小网箱差，其灵活性、机动性相对降低。小面积网箱则具有操作管理方便，逃鱼量相对小，水体交换好，灵活机动性高等优点。目前一般使用的鱼种和成鱼网箱多为5米×5米、6米×6米、10米×10米、12米×8米、12米×16米等规格。

3. 网箱的深度

箱体深度的确定，要视养殖水域深浅而定，还应侧重考虑养殖水域中溶解氧的垂直分布状况。在一般情况下，水域中的溶氧量是随着水的深度增加而减少。据吉林省水产研究所在水库中测定的溶氧量资料，表层水的溶氧量是8.54～9.15毫克/升，1米深处水的溶氧量是7.90～9.28毫克/升，2米深处水的溶氧量是5.30～6.78毫克/升，3米深处水的溶解氧量是1.66～2.88毫克/升。可见，3米深处水溶氧量已不太适宜鲤科鱼类的生长需要，因此一般使用的网箱的深度在3米以内为宜。

4. 网目的大小

装配箱体的网片多用合成纤维材料，鱼种箱网片一般采用3～6股线编结，成鱼箱则采用6～9股线编结而成。网目的大小与放养鱼种规格有着密切的关系，并涉及网片滤水面，即与网箱水体的交换量密切相关。因此，网目规格的确定，除应考虑养殖对象以外，还要以节省材料、有利于网箱内外水体的交换为原则。在生产中，鱼种箱的网目通常为1～2厘米，可放养4～4.5厘米的夏花，直至培育成大规格的鱼种。成鱼箱的网目为2.5～3厘米，进箱鱼种体长要求在11厘米以上，可以一直养成商品鱼。为了能有利于网箱内鱼的生长，网目可以随着鱼体的长大而增大。在生产实践中，采用鱼种培育与养殖成鱼网箱配套，即随着鱼的生长更换不同网目规格的网箱，或采用捕大留小及时将生长较快的鱼转到网目较大的网箱中饲养。这两种办法虽然在操作管理上增加了工作量，但有利于鱼的生长，出箱规格也整齐。

五、鱼种放养前的准备工作

1. 备足鱼种

鱼种来源：一是自己培育，二是向外购买。如养殖规模较大，

最好采用自己配套苗种池或网箱培育的苗种。如向外购买应把好质量关，选择优良鱼种放养。预先做好成批定购工作，不宜临时收集零星鱼种入箱。如果鱼种来源分散，不但鱼种规格不整齐，操作、运输较困难，而且往往使鱼种损伤大，入箱后易患病死亡。

2. 安装好网箱

在鱼种入箱前4~5天将网箱安装好，并全面检查一次，四周是否拴牢，网衣有无破损。4~5天后网衣着生了一些藻类，可减少鱼种游动时被网壁擦伤。

3. 鱼种锻炼

在苗种培育池收集的鱼种需要做好起网运输前的鱼种锻炼工作，方法与池塘养鱼相同。

4. 鱼种消毒

鱼种入箱前在捕捞、筛选、运输、计数等操作环节应做到轻、快、稳，尽量减少机械损伤，降低鱼病感染机会，这是预防鱼病的关键环节。与此同时还要做到病、伤、残的鱼种不入箱。入箱前可用药物浸洗鱼种。选用药物浸洗鱼种时必须要严格按要求进行，以免发生中毒事故。生产实践证明，来自同一水体培育的鱼种，只要体格健壮，体表无伤，可以直接入箱或用3%~5%食盐水消毒，成本低，效果好。

5. 进箱时间

夏花鱼种进箱时，一般是在水温较高的季节，因此，鱼种捕捞、运输、进箱时间应尽量避开高温时段，最好在早、晚进行。

六、放养鱼种

1. 放养鱼种规格

网箱养鱼的效果反映在高产量和高商品率上。仅有高产量，商品率不高，经济效益也不能提高。因此，确定鱼种放养规格尤为重要。首先，要以市场对商品鱼规格的需求来决定。如养鲤鱼，市场需求的商品鱼规格是500克以上，本地养殖水域，鲤鱼净增重倍数为 4 倍，即放养规格最低应是 100 克以上。虽然同龄鱼种，规格小，增重倍数高，但在生产中不能片面追求增重倍数，如果商品鱼规格小，市场销售差，留在下年继续饲养，是极不合算的。日平均水温在 20℃以上时间不足半年的水域，放养规格不应小于 100～150 克，超过 20℃以上时间达半年以上的水域，放养规格可为 50～100 克。在生产实践中，增重倍数与水域的水温、溶解氧、饵料生物等生态条件有关，因而水域不同，即使同一种鱼类的增重倍数也不同，必须因地制宜决定放养鱼种的规格。其次，要考虑选择鱼种的最佳生长龄期，鱼类生长的普遍规律是幼龄鱼生长最快，鱼类在性成熟前比性成熟后生长快。因此网箱养成鱼，要选择养殖鱼种在性成熟前，最佳生长龄期内的鱼种规格，作为成鱼养殖的规格，从鱼种进箱到成鱼出售，最好不跨越一个年度。

2. 鱼种质量

鱼种质量要从下面几个方面考虑：

（1）**适应性强**　网箱养鱼种应选择适应本地养殖水域的水温、水质等生态条件，同时经过锻炼能适应网箱密集环境和耐长途运输的鱼种。

（2）**生长快，饲养周期短**　经一个周期饲养即能达到鱼种规格。这样有利于加速资金周转，提高经济效益。

（3）**肉质鲜美价值高**　养殖鱼类必须具有较好的食用性。

（4）**体格健壮**　无病无伤，抗病力强，所养的鱼对各种细菌、寄生虫的感染率低，成活率高。

（5）**色泽鲜艳、游动活泼、无畸形、规格整齐**

（6）**培育技术容易掌握，数量大，来源广**

3. 鱼种数量

放养量是根据预计要收获的鱼产量和水域溶解氧条件来确定的。可依据以下公式计算：

每立方米放养数量（尾）＝预计鱼产量（千克/米³）/起捕时的平均尾重（千克）

4. 放养时间

一般为早春季节，实际是视水温高低进行放养的。如温水性鱼类适宜放养的水温为 12~14℃，此时放养几乎不会导致鱼病和死鱼的出现；暖水性鱼类则要求在水温 15℃以上时放养；冷水性鱼类要求水温在 8~10℃时放养。

七、放养品种和放养密度

常见的网箱养殖鱼类，主要有鲢、鳙、草鱼、鲇、鲤、团头鲂和鲫等。放养密度的确定，需要考虑到当地的鱼种和饲料供应能力，同时要看计划达到商品鱼的规格等诸多方面。网箱中鱼群的生长受水温、溶解氧、饵料等环境因素和鱼类内在生物学特性的制约，当环境条件能满足鱼类生长需要时，种群个体间生存竞争缓和，这时鱼类生长速度主要取决于种的内在特异性，在这种情况下，适当增加密度，产量可以随密度增加而提高。当密度增加到一定程度后，鱼群生存空间拥挤，对饵料和水体空间竞争激烈，环境因素恶化，鱼类生长率势必减慢直至平缓，即网箱已达到饱和容纳量（或最大收容量），因此放养密度应与网箱最大收容量相适应。放养量适当，鱼产量就高，经济收益就大。但密度过大时，鱼类个体生长率随放养密度增加而减小，影响鱼类生长，达不到商品鱼规格。若放养密度过低，又不能发挥养殖水域的负载潜力，网箱养鱼高产量的优势不能体现。所以应把鱼种密度控制在可能达到最大收容量水平以下，既保证群体产量，又能达到商品鱼要求的规格。目前，由于网箱规格和设置方式的不同，水体环境条件存在差异、饲养管理技术水平参差不齐，以及养殖品种的多样性，网箱放养密度还难于确定统一的标准。根据国内网箱养鱼的实践经验，放养量可参照如下标准。养吃食性鱼类一般每立方米水体放养 10~15 千克，即进箱鱼种规格如果定为 100 克，那么每立方米水体的放养尾数应为 100~150 尾。养滤食性鱼类，每立方米水体放养 1~3 千克，即进箱鱼种规格如为 100 克，那么每立方米水体的放养尾数应是 10~30 尾。

八、日常管理

日常管理是需要每天或经常进行的工作，有些工作看似十分单纯的作业，但在网箱养鱼中往往由于一时的疏忽而导致养殖失败的事例在生产实践中是经常发生的，因此不可掉以轻心。主要有以下几个方面。

1. 检查网箱

检查网箱是在鱼种入箱前和入箱后要经常进行的一项工作，除了通过观察外网是否有鱼，标志鱼是否存在或减少等随时检查外，定期地对箱体进行全面而十分仔细的检查是十分必要的工作。检查网箱至少要有两人各站网箱一端，轻轻将网箱一边网衣拉出水面，从上到下仔细检查，注意尽量不惊扰鱼群。

2. 清除堵塞网目的污物

网箱入水一段时间后由于生物附生、有机物附着而造成网目的堵塞，影响水体交换，不利于箱内粪便、残饵的排除和天然饵料、溶解氧的补给。清除污物目前采用的办法有以下3种。

(1) 人工清洗　用手将网衣提起，摆动网衣抖落污物，或用竹竿、树枝条等拍打网衣。堵塞严重的网箱，有条件的可换下，晾干将污物清除后再使用。

(2) 机械清洗　用高压水枪或潜水泵等冲洗，可以提高功效，减轻劳动强度。

(3) 生物清污法　利用某些鱼类刮食附生藻类和附着有机物的习性，在网箱中适当混养一些杂食鱼类，如鲤、鲫、鲮、罗非鱼、细鳞鲴等，能起到清污作用。

3. 灾害性天气的预防和检查

大风、大浪、暴雨、台风等的袭击及洪水的冲击等，都会对网箱造成破坏。所以在灾害天气预报后，应对网箱进行检查。固定式网箱，检查各部位的牢固程度并加固。若是浮动式网箱，除了加固各部位外，还有必要躲避大风大浪，可把网箱移动到湾、汊或其他安全区域。水位变动剧烈时，要随时调整网箱抛锚绳索，以免发生

意外。当灾害性天气过后，也要仔细检查一遍，发现问题及时处理。

4. 鱼病的预防

鱼病预防工作与其他养鱼形式相同，可参考本书第七章鱼病防治。但网箱养成鱼鱼病预防也有其特点，网箱是设置在大水体中且鱼群密度很高，因此预防不能照搬池塘养鱼的方法，不宜使用全箱泼洒等方法。

第四节　稻田养殖

一、稻田养殖及其生态学原理

稻田养鱼（图4-3）是利用稻田的特殊环境，既种稻又养鱼，运用"鱼稻共生"理论，通过"稻渔工程"建设，达到鱼稻双收的一种综合养殖方式。

在稻田生态系统中，水稻是主体，它不断地进行光合作用，将二氧化碳和水合成为有机物，将光能转化成化学能贮存起来。与此同时，田间杂草、藻类和光合细菌也在进行同样的物质和能量转换，

图4-3　稻田养殖

饵料生物十分丰富。但单一种稻时，这些饵料生物未得到利用，造成土壤肥力和光能的极大浪费，而且有些水稻害虫还威胁着水稻的生长。而在稻田中增放草食性和杂食性鱼时，一方面，稻田中的饵料生物可以被鱼充分利用，田间杂草得以清理；另一方面，鱼的排泄物中含有多种养分，可作为水稻的肥料，鱼呼吸放出的二氧化碳可以为水生植物提供碳源。同时，鱼在水中的游动增加了水中的溶解氧并有利于有机质的分解，加速稻田生态系统中的营养物质循环。此外，鱼在觅食时对土壤的搅动也起到了松土的作用，有利于水稻根系的生长。因此，稻田养鱼使稻田和鱼彼此都受益，除收获一定的鱼产量外，还可使水稻增收 5% ~10% 。

二、稻田养殖地块选择与田间工程

（一）稻田养殖地块选择

一般来说，地势平坦，倾斜度低，土壤保水性能强，水源有保障，无污染，不受洪水威胁，旱能灌、涝不淹的稻田都可利用。

（二）田间工程

1. 田埂

一般田埂的高度为 50 厘米，顶宽为 30 厘米，底宽为 50 ~ 60 厘米。

2. 进、出水口设置

进、出水口一般宽为 30 ~60 厘米。进水口设在田块的高处，出水口设在最低处。

3. 拦鱼栅

一般采用铁筛片或尼龙网片。安置时可设计成 "∧" 或 "∩" 形，凸面向田，深埋夯实。

4. 鱼沟鱼溜

鱼沟鱼溜的作用：一是稻田施药放水时鱼的躲避场所；二是囤鱼、投饵和捞捕场所。鱼沟鱼溜的设置一般有以下几种方式：

（1）平田式　要求加高加固田埂，一般田埂高 50 ~70 厘米，宽

50 厘米左右。田内开挖鱼沟或鱼溜，鱼沟深 30~40 厘米，宽 30~50 厘米。田块四周开挖环沟，中央开挖"十"字形中央沟。中央沟与环沟相通，环沟两端与进、排水口相接，沟面积应占田块面积的 5%~8%。设计亩产鱼量为 30 千克左右。

(2) 垄稻沟鱼式 稻田四周开挖一圈主沟，主沟宽 50~100 厘米，深 70~80 厘米。垄上种稻，一般每垄种 6 行，垄间挖垄沟，沟宽小于主沟。若稻田面积较大，可在中央再挖一条主沟。沟面积占田面积的 10% 左右，设计亩产鱼量约 80~100 千克。

(3) 鱼凼式 稻田内开挖一个"鱼凼"。鱼凼面积一般为田面积的 5%~8%，深 2~2.5 米。有条件的地方，为保证不塌陷，可用石条、水泥板等护坡。设计亩产鱼量为 50~70 千克。

(4) 沟池式 设置小池和鱼沟，面积占田块的 10%~15%。小池设在进水口一端，开挖面积占田面的 4%~8%，深 1~1.5 米，上设遮阴棚。田内设环沟及中央沟，沟宽 30~40 厘米，深 28~30 厘米。设计亩产鱼量为 50 千克左右。

(5) 流水坑沟式 距进水口 1 米处开挖深 1~1.5 米，面积占稻田面积 4%~8% 的流水坑（又称宽沟），四周设环沟。沟宽、深各 25 厘米。设计亩产鱼量为 50 千克以上。

三、鱼种放养

1. 放养品种

稻田中杂草和底栖动物较多，而浮游生物少，因此一般以杂食性的鲤、鲫鱼和草食性的草鱼为主。占放养量的 90% 以上，适当搭配一些鲢、鳙鱼。

2. 放养密度与搭配比例

(1) 以鲤鱼养殖为主 每亩放养尾重 100~200 克以上的大规格鱼种 25~30 千克。放养搭配比例为：鲤鱼 60%~70%，草鱼 20%~30%，鲢、鳙鱼 5%~10%，鲫鱼 5%~10%。

(2) 以草鱼养殖为主 每亩投放隔年大规模鱼种 25 千克以上。放养搭配比例为：草鱼 50%~60%，鲤鱼 20%~30%，鲢、鳙鱼

10% ~15%，鲫鱼 5% ~10%。

（3）革胡子鲇采用单养 每亩放养体长 3 ~ 5 厘米的鱼种 1 000 ~2 000 尾。

（4）中华绒螯蟹采用单养 每亩放养扣蟹 500 只左右。

3. 放养时间

放养时间取决于放养规格和种类，一般为 5 月末至 6 月初。目前很多地方为了延长鱼的生长期，在插秧前就将鱼苗或鱼种放养在鱼溜中囤养，插秧 7 ~10 天后再将鱼放入大田。

四、日常管理

稻田养殖是人工建立的稻渔共生生态系统，管理的中心内容在于处理好稻和渔的各种矛盾。日常管理中，应本着以稻为主，养殖为辅，粮渔兼顾的原则，改善养殖动物生活环境。

1. 施肥

合理的稻田施肥，不仅可以满足水稻生长对肥料的需要，而且能增加稻田水体中饵料生物量，为鱼类生长提供饵料保障。选择肥料以基肥为主、追肥为辅，以有机肥为主、化学肥为辅的原则。一般亩产粮食 500 千克的稻田需要纯氮 9 ~ 13 千克，磷 4 ~ 8 千克，钾 9 ~18 千克。这些肥料能被当季水稻利用的只有 1/3，剩余的 2/3 转化成为饵料生物为养殖动物所利用，所以稻田施肥有利于养殖动物生长。但当前使用较多的碳酸氢铵、尿素、过磷酸钙、硫酸铵和氯化钾等，大量施用时对养殖动物有害，必须改进施肥方法，趋利避害。①调整肥料结构，增放有机肥，提倡使用生物肥料。②正确掌握施肥量，减少用肥 10% ~20%。③改进施肥方法，采取"全层施肥"技术。使用碳酸氢铵等毒性较强的化肥做追肥时要采用球肥深施，肥效好，对鱼安全。施肥时必须从无沟（塘）的一边向有沟（塘）的一边施撒，以便让鱼有机会入沟。

2. 投饵

稻田中杂草、昆虫、浮游生物、底栖动物等天然饵料可供鱼类摄食，每亩可形成 20 千克左右的天然鱼量，要达到每亩 50 千克以上

产量，必须投饵喂鱼。常用的饵料有嫩草、水草、浮萍、菜叶、糠麸和复合颗粒饲料等。投饵要定点、定时、定量，并根据摄食情况调整投饵量。

3. 调节水位和水质

根据水稻和鱼的需要管好稻田里的水，通过排、灌水和施用生石灰，调节水质以满足水稻和鱼的需要。水位调节，应以稻为主，放养初期，田水宜浅，保持在 10 厘米左右，但因鱼的不断长大和水稻的抽穗、扬花、灌浆均需大量水，所以可将田水逐渐加深到 20 ~ 25 厘米，以确保需水量。在水稻有效分蘖期采取浅灌，保证水稻的正常生长；进入水稻无效分蘖期，水深可调节到 20 厘米，既增加鱼的活动空间，又促进水稻的增产。同时，还要注意观察田沟水质变化，一般每 3 ~ 5 天加注新水一次；盛夏季节，每 1 ~ 2 天加注一次新水，以保持田水清新。

4. 鱼病防治

稻田养殖禁止使用高毒农药，慎用中毒农药，提倡使用广谱高效低毒的农药，一般不使用除草剂。

5. 加强其他管理

其他的日常管理工作，必须做到勤巡田、勤检查、勤研究、勤记录。坚持早晚巡田，检查鱼的活动摄食、水质情况，决定投饵、施肥数量。检查堤埂是否塌漏，平水缺、拦鱼设施是否牢固，防止逃鱼和敌害进入。检查鱼沟、鱼窝，及时清理，防止堵塞。检查水源水质情况，防止有害污水进入稻田。要及时分析存在的问题，做好田块档案记录。

第五节　堰塘、山塘养殖

我国堰塘、山塘量多面广，大部分位于山区、半山区乡镇，且多数建于 20 世纪 50 至 70 年代，其主要作用是蓄水保水，兼有防洪、灌溉、供水、发电等多重作用，曾经为山区、半山区农田灌溉和农民饮水做出重要贡献。随着农业产业结构的调整，这些山塘水库的主要功能也发生了变化，很多地区开始发展水产养殖，并逐渐成为山区农业增收、农民致富的重要方式。堰塘、山塘数量多，分布广，充分利用山塘开展水产养殖具有十分重要的意义。但由于堰塘、山塘同时具有蓄水防洪功能，使堰塘、山塘养殖仍受到一定的限制，目前养殖种类仍以传统的青鱼、草鱼、鲢、鲤、鳊等为主。鉴于堰塘、山塘的功能特点，要做好堰塘、山塘的水产养殖（图4-4），提高经济效益，增加农民收入，主要需从以下方面着手。

图4-4　堰塘养殖

一、山塘改造

由于大多数山塘建设于20世纪50至70年代，受当时历史条件限制，山塘大坝相当一部分是在经验和资金、技术力量不足的情况下，通过群众自发兴建的，加上多年运行后，大部分山塘存在设施老化、年久失修，泥沙淤积严重，排灌不配套，蓄水量季节性变幅大等问题，无论从安全，还是从水产养殖发展来看，都亟需改造。改造以巩固堤坝，增加水深为原则。具体要求为年最低水位达1米以上。

二、鱼种放养

1. 放养品种和规格

放养品种以草鱼、鲢、鲤、鳙、鳊等常规品种为主，可少量搭配其他鱼。部分条件较好地区可以适度开展名特优种类养殖。确定鱼种放养规格主要要考虑成鱼的生长特性和各地消费者喜欢的上市

规格。如果上市销售的成鱼个体要求较大，那么必须放养较大规格的鱼种才能在一定周期内完成生产任务。

2. 放养密度

放养密度主要以充分发掘水体负载力，又不影响鱼类生长为原则。但由于各地水域条件不同以及饲养水平不一，实际放养时可根据当地平均产量和上市规格确定。

3. 鱼种要求

鱼种要求体质健壮，无病无伤，规格整齐，下塘前用2%的食盐水或5毫克/升高锰酸钾液浸泡10~20分钟。

4. 放养时间

为了延长鱼的生长周期应力争提早放养，实际是视水温高低进行，一般为早春季节。温水性鱼类适宜放养的水温为12~14℃，此时放养几乎不会导致鱼病和死鱼；暖水性鱼类要求在水温15℃以上放养。

三、日常管理

1. 巡塘

坚持每天早、中、晚三次巡塘，观察池鱼动态。黎明前后观察鱼在池中有无浮头现象，浮头的程度等。白天则检查鱼的活动和吃食情况，傍晚检查全天的摄食情况，有无残饵，有无浮头的征兆等。酷暑季节、天气突然变化时，还要半夜巡塘，以便能在鱼严重浮头造成损失前及时采取补救措施，防患于未然。

2. 追肥

在鱼类生长旺盛季节应适当追肥，坚持量少多次原则，以有机肥为主。使塘水保持"肥、活、嫩、爽"的良好状况。

3. 投饵

投饵要坚持"四定"及"三看"原则。

4. 加强防洪、防逃

经常检查进、排水口拦鱼设施和塘埂安全。汛期加强巡视，及时补漏，确保山塘养鱼安全。

四、鱼病防治

鱼病防治坚持"以防为主，防重于治"的原则，做好山塘、鱼种、食场的消毒，同时精心操作，避免鱼体受伤，发现鱼病及时对症治疗。具体防治措施可参照第四章第二节池塘养鱼的内容。

第六节　水库、河道养殖

一、水库小水体养殖

水库养殖业称水库渔业（图4-5）。水库是人类充分开发利用水资源的产物，兼具防洪、发电、供水、灌溉、渔业、航运和旅游等多种功能，它实现了河川径流在时空上的重新分配，成为对水资源综合利用的基础和人类可持续发展利用的宝贵资源，其地位和作用越来越重要。我国水库水质优良，是极佳的淡水养殖水体，具有很高的生物生产力。把渔业纳入水库管理范围，在保护水库水质的前提下，既有利于水库生物资源的充分利用，也对水库生态系统的稳定和水质的保护起到积极作用。

图4-5　水库养殖

在半个多世纪的发展过程中，我国水库渔业单产水平由 1978 年的不到 70 千克/公顷提高到现在的 1 328 千克/公顷，增长近 20 倍，并由单一追求产量逐步向优质、高效、生态、特色等方面过渡，根据水库自身特点因地制宜形成了以下两种小水体养殖模式。

1. 网箱养殖

我国内陆网箱养殖主要集中在各类水库中，分布于湖泊、池塘、河沟等水体的网箱养殖规模相对较小。2006 年全国网箱养殖面积 931.27 万平方米，总产量 87.57 万吨，平均单产 9.47 千克/公顷。网箱养殖品种除传统的草鱼、鲤、鲫、鲢、鳙、鳊、鲂外，一些名、特、优、新品种，如长吻鮠、鳜、鲇、黄颡鱼、花鱼骨、香鱼、胭脂鱼、中华倒刺鲃、史氏鲟、翘嘴鲌、梭鲈等也有规模产量，还有一些海外引进物种如斑点叉尾鮰、俄罗斯鲟、匙吻鲟、罗非鱼等产量也较可观。

水库网箱养殖分投饵和不投饵两种方式。投饵网箱主要养殖摄食性鱼类，投喂饲料或小杂鱼类等，养殖过程中残饵、鱼类粪便等排泄到水体中，对水质有一定的影响，需考虑水体承载力。水库虽然有一定的交换量及水体自净作用，但纳污能力有限，过度、盲目的网箱养殖往往导致鱼、水俱伤。如重庆长寿湖、四川黑龙滩水库、湖北清江隔河岩水库等，均出现过水质恶化、鱼类大量死亡的情况。据研究，水库设置投饵网箱面积占水面的比例一般宜控制在 0.3%（1∶355）以内，在水质富营养化的水体及高强度投饵情况下，网箱所占比例应该更低。不投饵网箱主要养殖滤食性鱼类如鲢、鳙、匙吻鲟等，鱼类饵料主要为通过网箱内外水体交换供给浮游生物。不投饵网箱一般设置在浮游生物较为丰富的水体，同时也需考虑水体承载力，即水体浮游生物的供给能力及水体交换供氧能力。研究表明，在富营养化水体网箱养殖滤食性鱼类对控制水体藻类水华有一定的积极作用，可作为生物操纵治理水华的手段之一。

网箱集约化养殖条件下，鱼类易发病害并易于传播。危害较严重的常见鱼病主要有：草鱼传染性鱼病（出血病、肠炎及烂鳃），鲢鳙暴发性鱼病，鲟鱼肝胆综合征等，还有一些鱼类的寄生虫病及由于养殖操作引发的水霉病。目前网箱养殖鱼病防治以预防为主，首先防止苗种携带病菌、寄生虫，其次是养殖过程中药物预防，如漂白粉挂袋。鱼病的治疗应采用《无公害食品　渔用药物使用准则》（NY 5071—2001）规定的药品和剂量，确保水产品质量安全。

水库网箱养殖的投资主体一般是渔户私营或承包经营、股份合作经营，也有一些大型的渔业企业进行规模化养殖，或采取"公司＋渔户"模式，集团化经营在苗种配套、技术服务、饲料供应、销售体系等方面具有极大的优势，是未来发展的主要方向。

2. 流水养殖

水库坝下流水养殖及设施渔业是水利系统特有的优势，大部分水库都具有发展坝下流水养殖或设施渔业的条件，但流水养殖基础设施投资较大。坝下流水、电站尾水、渠道流水集约化养殖的单产水平极高，并可实现一水多用，也是水库渔业可持续发展的方向之一，如湖北武汉夏家寺水库利用坝下灌溉水源微流水主养草鱼年产15.1吨/公顷。山东文登坤龙水库灌溉渠道微流水养鲤鱼、罗非鱼、淡水鲳单产14.5吨/公顷，北方地区水库坝下流水养殖鲤鱼超过50吨/公顷等。

二、河道养鱼

河道养鱼又称为河道沟渠养鱼、河沟养鱼，外荡养鱼等（图4-6），包括增殖和养殖两个方面。由于河道的水文特点的原因，使河道养鱼有较大的难度，因而河道养鱼主要在平原或丘陵地区的水流较缓的小河道中开展较多。

1. 大型河道、平原小河道、沟渠小水体养殖模式

能在大型河道、平原小河道、沟渠小水体开展的渔业养殖方式非常少。四川近几年出现的船体金属网箱养鱼，可设置于流速较大的江河，如长江、涪江、嘉陵江中。这种养鱼方式是制作一条两头为密封舱，船体为空框架，外包金属网的铁船，空框架内设置网箱进行养鱼。它的特点是抗水流能力强，产量很高。另外，在浮游生

图 4-6 河道养殖

物丰富，流速较小的河道中，可设置鲢、鳙鱼网箱，靠天然饵料养殖。在水质较好的河道也可设网箱进行吃食性鱼类养殖。目前在四川眉山一带流行一种渠道金属网箱养鱼方式。这种养鱼方式是：在网箱设置处对渠道一边的堤岸扩宽改造，然后用金属网片围成 40~60 平方米的箱体，参照流水养鱼和网箱养鱼的措施进行精养，产量可达 150 千克/米^2 以上。

2. 山地河道的渔业开发

由于山地河道环境条件特殊，养鱼很困难。但可根据具体情况，进行人为改造和开发，用于养鱼。在条件较好的地方可建设小型水库或塘堰实行综合养鱼，包括与畜牧业结合进行施肥、投饵养鱼。也可以利用山地的自然地势建设流水养鱼场。因为山地溪河往往落差较大，容易找到合适的场地建设流水养殖场，引入自然流水，不费能源又获得高产，如果水温低，可以饲养名贵的冷水性鱼类如鲑鳟鱼等。

第七节　养殖效益分析

水产养殖是一项高投入、高风险、高回报的行业。其养殖效益受养殖水域的水质条件、养殖者的技术水平、市场等多因素的影响，要提高养殖效益，需从以下方面进行考虑。

1. 品种

养殖品种不同，其投入可能差别不大，但效益却明显不同。因此养殖户养殖对象的选择就显得格外重要。选择养殖对象时，需要考虑几个因素：①市场。对普通养殖户来讲，养殖者最好选择在本地已经有一定市场，效益较好的对象进行养殖，以规避风险。但对实力较强的养殖企业或养殖大户，可以根据自身条件适当选择养殖前景广阔、适宜本地饲养的品种，培育市场，这样有利于占领市场先机，获得高额回报。②养殖者自身技术水平。目前，在养殖户中存在一些追市场跟风的情况，市场上什么好卖、价高就养什么，也不顾自身的养殖技术水平，盲目养殖名、贵、优、特品种，很容易造成无谓损失，增加养殖风险。③养殖水域的水质条件。养殖水域的水质条件可以说是决定养殖对象最为重要的因素。很多名、贵、优品种都对水质条件有特别的要求，并不是所有水域都适合养殖，养殖者在确定养殖对象前，一定要对自己养殖水域的水质状况有充分的了解，看是否适合，而不是一味跟风，以免造成不必要的损失。

2. 规模

俗话说"货卖堆山，以多取胜"，这说明只有上了一定规模才能取得较好效益。一方面是由于水产市场变化很大，很多养殖品种的流行期往往就那么几年，所以抓住时机，扩大规模，对水产养殖者就具有非常的意义。只有在适当的时机，具有足够的规模，才能取得较大的经济效益。另一方面整个市场向薄利化时代发展，养殖成本越来越大，利润空间越来越小，必须通过扩大规模来降低成本，才能获得较好的效益。同时，水产养殖靠新品种来占领市场获得高

回报的空间也越来越小，养殖行业的发展必须以"量多质优"来取胜，这也就是广大养殖户所说的"无规模无效益"。

3. 规格

养殖效益不仅与品种、规模有关，还与市场密切相关。因为不同地区人们消费习惯不同，对水产品的品质、上市规格等要求也不同。因此，养殖户在制定养殖计划时，应充分考虑到当地的消费习惯和对上市规格的要求，根据养殖对象生长规律选择适宜放养规格，减少养殖周期，降低养殖风险，增加养殖效益。

4. 上市时间

在我国大部分地区，5—10 月份是鱼类的生长季节，因此普遍存在着秋、冬季节水产品集中上市的情况，造成鱼价偏低，影响了养殖效益。为此，养殖者要提高养殖效益，在制定养殖计划时应适当调整养殖结构，采取轮捕轮放、反季节养殖等多种措施，避开水产品的集中上市，经济效益会更佳。

总之，水产养殖效益受多方面因素的综合影响，养殖者必须多了解市场，沟通信息，根据自身技术水平和养殖水域选择合适养殖对象，根据市场需求制定养殖计划，并不断提高自身养殖水平，降低养殖成本和养殖周期，才能规避养殖风险，减少市场波动的影响，获得稳定、高回报的养殖效益。

第五章 主要养殖鱼类的鱼苗、鱼种培育及成鱼养殖

内容提要：四大家鱼；鲤鱼；鲫鱼；团头鲂；黄颡鱼；南方大口鲶；泥鳅；黄鳝；加州鲈；斑点叉尾鮰；鲟鱼；胭脂鱼：乌鳢；中华绒螯蟹；南美白对虾。

第一节 四大家鱼

一、青鱼

我国历来将青鱼（图5-1）与鲢、鳙和草鱼等混养，成为中国池塘养鱼的主要方式。由于主要摄食螺类，有限的饵料资源影响了青鱼养殖的发展。现采用人工配合饵料已获初步成效。饵料中蛋白

图5-1 青鱼

质含量为28%～41%，视生长的不同阶段增减。

1. 池塘条件

选择水源充足，排灌方便，无污染源，通风向阳，交通便利的区域。水质良好，透明度为30～40厘米。

鱼种培育和成鱼养殖池中，应划定食场（或搭建食台），食场要求平坦，无淤泥，并常年保持清洁卫生。

2. 鱼苗培育

放苗前5～7天施绿肥400～500千克/亩或粪肥200～300千克/亩，有机肥应发酵、腐熟、并用1%～2%生石灰消毒，施肥2～3天后将水加深至0.5米，5天后加深至0.6～0.7米，进水时要用密网过滤。

3. 鱼苗放养

选择晴好天气的上风处，投放出膜5～7天的水花，放养密度60～10万尾/亩，注意温差不超过2℃。

4. 饲养管理

前10天投喂豆浆，其中前5天，2千克/亩，后5天，3千克/亩，10天后酌情增加，每天2次，全池泼洒均匀。每隔5～7天加水15～20厘米，到夏花出池加至1.3～1.5米水深。根据培育池的水质，适量施用追肥。鱼苗经25天左右的培育而成为夏花鱼种就应稀疏分池，出池前要进行2～3次密集锻炼。

5. Ⅰ龄鱼种培育

放养时间是夏至以前，青鱼为5 000～7 000尾/亩，鳙鱼为1 000～1 500尾/亩，鲫鱼为300尾/亩。投喂时先用少量精料引诱青鱼到食台，然后逐步增多。投饵时遵守"四定"原则。

6. Ⅱ、Ⅲ龄鱼种的培育

Ⅱ龄青鱼种为1 000～1 200尾/亩，鲢鱼、鳙鱼为200尾/亩，草鱼为20尾/亩，鲫鱼为200尾/亩。

Ⅲ龄青鱼种为400～500尾/亩，鲢鱼、鳙鱼为200尾/亩，草鱼为20尾/亩，鲫鱼为200尾/亩。

7. 成鱼养殖

（1）养殖方式　青鱼每 500～700 千克/亩。

（2）饲养管理　每 10 天注水一次，保持水深 2 米。

（3）其他生产措施　参照"鱼种培育"。

8. 鱼病防治

鱼种放养前严格消毒，下塘后用 1 毫克/升晶体敌百虫全池泼洒一次，后定期用生石灰 25 毫克/升、漂白粉 1 毫克/升等消毒，定期投喂预防肠炎的药物；饵料新鲜、适口；死鱼及时捞出，深埋土中，所用渔具要浸洗消毒。

二、草鱼

草鱼（图 5-2）栖息于平原地区的江河湖泊，一般喜居于水的中下层和近岸多水草区域。性情活泼，游泳迅速，常成群觅食，为典型的草食性鱼类。在干流或湖泊的深水处越冬。生殖季节亲鱼有溯游习性。已移植到亚洲、欧洲、美洲、非洲的许多国家。因其生长迅速，饲料来源广，是中国淡水养殖的四大家鱼之一。

图 5-2　草鱼

1. 池塘要求

池塘面积以 10～20 亩为宜，水深 2～2.5 米，淤泥厚度不超过 20 厘米。每 10 亩池塘配套功率为 3 千瓦的增氧机和自动投饵机各 1 台。

2. 池塘清整

冬季排干池水，冻晒 20 天以上。鱼种放养前 15 天，进水 10～20

厘米，每亩用生石灰 150 千克清塘消毒。

3. 鱼种放养

春节前后，每亩放养规格为 200～250 克/尾的草鱼种 300 尾，规格为 15～20 尾/千克的鲫鱼种 300 尾，规格为 5～6 尾/千克的鲢鱼种 50 尾、鳙鱼种 10 尾。鱼种放养前用 5% 食盐水浸泡消毒 5～10 分钟。

4. 饲料投喂

以投喂颗粒饲料为主，饲料蛋白质含量为 28%～32%，辅投青绿饲料。饲料投喂遵循"前粗后精"和"四定"及"三看"的原则。

5. 水质管理

正确使用增氧机，6—10 月份晴天无风天气，每天13：30—15：00 开机增氧 2 小时，凌晨适时增氧；连续阴天应提早增氧。适时向池塘加注新水，采取"小排小进、多次换水"的办法逐步调控水质。6—9 月份，每隔 3～5 天加注新水 1 次，每次加水 10 厘米左右，每隔 15～20 天每亩水面 1 米水深用生石灰 10～20 千克化浆全池泼洒 1 次。

6. 病害防治

采用"前粗后精、精青结合"的方式投喂，控制草鱼肝胆综合征发生。草鱼常见病有赤皮病、烂鳃病、肠炎病，一般采取内服外泼相结合的治疗方法，外泼主要以漂白粉、二氧化氯等消毒剂为主，连用 3 天；内服以"三黄粉"药饵效果较好，每 50 千克鱼体重用三黄粉（大黄 50%、黄柏 30%、黄芩 20%，碾成碎粉后搅匀）0.3 千克与面粉糊混匀后拌入饲料中投喂，连用 3～5 天。

7. 适时捕捞

适时将大规格成鱼起捕上市是草鱼高产养殖的重要措施，主要目的是降低池塘水体的载鱼量，促进后期池鱼快速生长。一般于 7 月底起捕 1 次，在清晨水温较低时起捕。

8. 管理措施

①最近 2 年养过草鱼种的池塘，特别是以前患过草鱼三病（肠

炎、烂鳃、赤皮病）的池塘不要用于草鱼种的培育。

②对旧鱼塘彻底清淤，通过清淤和曝晒池底，以杀死病菌、病毒，消除鱼病隐患。

③把好鱼苗质量关。如果是自繁的，最好在繁殖前对亲鱼进行灭活疫苗的注射。如果需引种，最好从国家或省级苗种基地引进。

④草鱼与鲢鱼、鲫鱼的放养比例控制在8∶2左右。

⑤草鱼种培育前期，在5～7天内完成鱼苗的驯化抢食，饲料投喂要充足，防止因饲料短缺，造成鱼苗体质弱。

⑥精饲料须用草鱼种专用配合饲料，在7月中旬以前（体长10厘米左右）以投喂精饲料为主，加快鱼苗的生长；7月中旬至9月中旬，减少精饲料的投喂量，增加优质青绿饲料的投喂量，使精饲料与青饲料的比例控制在（3～4）∶9；9月中旬以后，适量增加精饲料的投喂量，精青饲料比例控制在1∶（1～1.5）。同时在6月下旬至9月下旬，精饲料中要加入抗菌药防鱼病。

⑦注重日常消毒管理：①鱼种培育前期即6月中旬以前，每15天左右每亩用20～30千克生石灰全池泼洒1次。②6月中旬至9月中旬每10天左右每亩用0.20～0.25千克消毒剂全池泼洒。③养殖中后期，每月每亩全池泼洒1千克光合细菌1次。

三、鲢鱼

1. 池塘选择

鲢鱼（图5–3）属于套养鱼类，套养在主养鲤鱼、鲫鱼、草鱼、团头鲂的池塘中，处于服从地位，它的池塘选择与主养鱼类完全一致。

2. 水质要求

鲢鱼的水质要求与主养品种完全一致。

3. 苗种要求

苗种放养前须经检验、检疫，选择品质纯正，健康无病，规格整齐的苗种。放养时间在5月中、下旬。

图 5 – 3　鲢鱼

4. 池塘饲养

（1）**鱼苗放养**　5 月中、下旬，池水水温稳定在 18℃以上时，为适宜投放时间。投放鲢鱼乌仔，投放密度为每平方米 3 ~ 5 尾。

（2）**饲养管理**　鱼苗入池后，以滤食浮游动植物为主兼食饲料碎屑。

（3）**成鱼养殖**　鱼种投放规格、密度，投放越冬鱼种规格为 100 ~ 200 克/尾，放养密度为 0.4 ~ 0.5 尾/米²。

鲢鱼是套养鱼类，以主养鱼类出塘起捕时间为准。

5. 越冬管理

（1）**越冬密度**　压塘成鱼和鱼种的越冬密度一般为 0.3 ~ 0.6 千克/米²。根据池塘条件可作适当调整。

（2）**越冬鱼体要求**　鱼体应无病无伤，肥满健壮。

（3）**越冬方法**　越冬池塘应比较干净，保水性好，冰下水深保持在 1.5 米左右。

（4）**分规格并塘**　冰封前每公顷用 90% 晶体敌百虫 1.5 ~ 3 千克全池泼洒，池水浮游植物量应保持在 25 ~ 50 毫克/升。

四、鳙鱼

1. 苗种培育

（1）**池塘条件**　鳙鱼（图5-4）苗种培育池面积为1~3亩，池深1.5米左右；池堤牢固不渗漏；池底平坦淤泥适量，无水草丛生；鱼池向阳，阳光充足。而且放养前必须经过清整。

图5-4　鳙鱼

（2）**鱼苗放养密度**　每亩放养8万~12万尾。

（3）**鱼种放养**　体长30~60毫米时，多采用单养，其密度根据池塘大小、水深、肥瘦来决定。鱼种混养一般以2~3种为宜，最多四五种，其中一种为主体鱼。培养鳙鱼种时，应注意勿搭配食性相近的鲢鱼。

（4）**投饵技术与投饵量**　鱼种培育期间内，辅投人工饲料，入冬前每万尾每天投放配合饲料1千克左右；天气转冷后，施肥可减少，但是配合饲料等投放量需稍微增加，使鱼种累积脂肪越冬。

2. **池塘的选择**

土质应为壤土、黏土或沙壤土，保水性能好。池塘规格为4.6~10亩，池形为长方形，长宽比为5:3，东西走向，有河流、井水水源，水质无污染。池塘设置进、排水设施。池水水深2.5米。

3. 水质培育

（1）透明度　20～25 厘米。

（2）施基肥　亩施发酵后的人粪尿或鸡粪 200～500 千克，或施厩肥 500～1 000 千克。

（3）施追肥　看水施肥，当透明度大于 25 厘米时，每亩施有机肥 10～50 千克，或无机肥尿素（氮肥）2.5 千克，磷肥 1 千克，有机肥与无机肥可交替使用。

（4）调节水质　每 10 天调节水质 1 次，注、排水量为 20～30 厘米。

4. 鱼种选择

要求选择体质健壮，无损伤，无疾病，规格整齐的鱼种。

（1）放养时间　分为春季或秋季放养。

（2）消毒　鱼种入池前，用 5% 的食盐水或 10～20 毫克/升的高锰酸钾水溶液药浴 10～20 分钟。

（3）水温　鱼种入池前后，水温差不能超过 ±3℃。

5. 池塘消毒

施基肥前，用生石灰带水消毒 150 千克/亩，干池消毒 75 千克/亩。

6. 合理利用增氧机

每 3 亩水面配增氧机 1 台。

7. 饲养管理

（1）建档　建立池塘养殖档案。

（2）坚持巡塘制度　检查池塘有无破损，水质有无变化，鱼有无浮头的现象，发现问题及时补救。检查有无死鱼，发现死鱼，立即捞出，并检查死因，采取防治措施。

（3）水质管理　定期调节水质，保证鱼类健康生长。

（4）合理利用增氧机　晴天中午开，阴天清晨开，傍晚不开，浮头以前开，连绵阴雨半夜开，鱼类主要生长季节坚持每天开。

第二节　鲤鱼

鲤鱼（图 5–5）养殖历史悠久，为广布性鱼类，个体大，生长较快，为淡水鱼中总产最高的一种。由于地理分布不同，经过长期的人工和自然选择而发生类群差别，业已培育出许多养殖品种，如江西、浙江的红鲤均为优良品种。另外还有镜鲤、散鳞镜鲤、丰鲤、荷包红鲤、兴国红鲤、松荷鲤、芙蓉鲤、锦鲤都是鲤鱼的变种。

图 5–5　鲤鱼

由于鲤鱼的适应性强、苗种来源广，人们喜吃，目前已普遍把它们作为池塘、网箱和流水养殖对象，不少地区也把它们饲养于稻田，收益颇好。依群众的习惯，上市商品鲤鱼的个体重量以 0.5 ~ 1

千克为宜。

一、鱼苗培育

1. 池塘准备

选择面积为 1～2 亩，水深为 0.8～1.2 米，少淤泥，东西向鱼池，按常规方法清整、消毒。鱼苗下塘前 7～10 天，可将已发酵的粪肥施入，如猪牛粪便 150～300 千克/亩，也可施 5～10 千克/亩的无机肥料（化肥、磷肥等），同时进行生石灰消毒（用量为 150 千克/亩），一周后鱼苗下池正好是轮虫高峰期，鱼苗适口饵料充足，生长健壮。

2. 放苗

放鱼苗前先用密眼网拉空网除野杂，还可放廉价的花白鲢苗种 50～80 尾进行试水，证明一切安全后即可放鱼，放养密度为 10～25 万尾/亩。

3. 清水下塘

不施基肥，直接将鱼苗放入，此法因水中适口饵料轮虫较少，饵料不足，因此鱼苗体弱，成活率也低。

(1) 适时补料 鱼苗入池后，在前几天生长特别快，往往会出现天然饵料不足，因此要注意补料。常用黄豆加熟鸡蛋黄打浆泼洒投喂。每天每亩用 2～4 千克黄豆加 3～5 个熟蛋黄磨成浆立即泼洒投喂，重点喂池边附近几米的水面。也可每 3 天泼 1 次过滤后的新鲜猪血。豆浆既可直接被苗种吃掉一些，也可以培肥水质，丰富天然饵料。目前，市场上也有鱼苗料流通，形似微囊或粉料，可从鱼苗 2～3 厘米开始投喂，既可补食，又可诱使鱼苗抢食，从而促进消化道发育，有利于提高成活率和壮苗。

(2) 追肥和管水 每 3 天施 1 次追肥，让水中轮虫始终保持在一个较高水平。也可每天从较肥的成鱼池中抽部分水加到鱼苗池，既能为鱼苗增加天然饵料，又能防止加进井水过多而导致气泡病的发生。每周应换水 1/3～1/2。

(3) 仔细观察 鱼苗培育过程中应加强巡视。观其活动、吃食、生长、水质变化，有无敌害、病害等情况。同时应对鱼苗适时分池，防止过密导致规格参差不齐。必要时还需拉网锻炼鱼苗，增强耐力。经夏花培育，鱼苗体长与体重均增长许多倍，适应能力也增强许多，食性变化已具有了品种的特征，开始喜好精料，故应尽早平稳过渡到吃配合饲料。

二、鱼种的培育

鲤鱼的鱼种培育阶段多处于低温多雨天气，对苗种培育不利，除严格按照四大家鱼的鱼种培育规程操作外，还必须注意以下几点。

（1）严格清塘消毒　彻底清除敌害和野杂鱼。由于野杂鱼和敌害生物的繁殖和生长都很快，如果清塘不彻底，它们的大量繁殖，往往给鲤苗种造成危害，直接影响夏花的成活率。清塘消毒分以下两步进行。

①彻底清塘。在冬季或早春将池水排干，让池底冰冻曝晒，以减少病害，提高淤泥肥效。

②严格消毒。一般用石灰消毒：鱼苗下池前 10 ~ 20 天，保持池塘 5 ~ 10 厘米水深，池塘四周挖几个小坑，将生石灰倒入小坑，加水溶化后，趁热向池塘四周均匀泼洒，并用铁耙将池底淤泥耙动 1 ~ 2 次，石灰用量视淤泥多少而定：淤泥多，石灰用量也多；淤泥少，石灰用量就少，一般每亩用量为 100 ~ 200 千克 。

（2）合理控制放养密度　每亩放养量一般为 10 万 ~ 15 万尾，如遇特殊情况，下池时密度较大，也要逐步拨稀，以免对成活率造成影响。

（3）适当肥水下池　鲤鱼苗前期以浮游生物为食，必须保持池水适当肥度。因此，鲤鱼苗下池前要先培育一池肥而嫩的"好水"，避免因低温阴雨天气，浮游生物繁殖较慢而影响生长。培水方法一般为：清塘后，鱼苗下塘前 7 ~ 10 天，注水 50 ~ 60 厘米，注水时用密网过滤，严防混入野杂鱼和敌害生物，然后在池塘四周向阳处堆放有机肥或绿草，一般按每亩用有机肥（人粪、猪粪、鸡粪等）300 ~ 500 千克或绿草 300 ~ 400 千克，每隔 1 ~ 2 天，翻动堆肥 1 次，

培养水质；施用熟粪肥，可在鱼苗下池前2~5天，每亩池塘用肥150~300千克，加水稀释后全池泼洒。注水施肥能够提高水中浮游生物，特别是浮游藻类和轮虫数量，为鱼苗生长提供适口饵料，提高鱼苗生长速度和成活率，但如果放养鱼苗前池塘水质过肥，出现大量"红虫"，应暂缓放苗，因为此时放苗，红虫会和鱼苗大量争食，发生"虫盖鱼"现象，影响鱼苗生长。处理方法：用0.2~0.3毫克/升浓度的晶体敌百虫，全池均匀泼洒，杀死红虫，2~3天后再放苗。

（4）**注意鱼苗下池方法**　池塘下苗时，有风天应在上风处放苗，以免鱼苗被风吹到池边搁浅致死。盛放鱼苗的容器内的水温和池塘内的水温相差不能超过2℃，否则，鱼苗会发生感冒而引起死亡。应采用缓慢逐级降（升）温法，每级水温温差不能大于2℃，每级调温时间20~30分钟，最后应将鱼苗连同容器一并放入池中，并缓慢加入池水，待鱼苗适应水温和水质后再放苗入池。

（5）**鱼苗下池后及时补充精料**　鲤鱼苗下池3~5天后，应及时补充投喂豆浆，一般每亩水面每天补充豆浆50~75千克，每天沿池四周泼洒2次，10~12天后注意适量补充麸类、饼类等粗颗粒饵料，一般每亩每天投喂3~5千克，分3~4次投喂，以满足其食性转化的需要。如发现苗种沿池狂游，更应注意沿池旁多放些精料，否则影响成活率。

（6）**加强水质管理**　保持良好水质，应经常向池塘加注新水。放养鱼苗时，池水深50~80厘米左右，饲养7~10天后，池水逐渐变浓后，开始向池塘注水，每隔3~5天注水1次，每次注水以水面增高5~10厘米为宜。

三、成鱼养殖

根据鲤鱼的生物学特性，凡放养鲤鱼的池塘，除按常规方法饲养管理外，还应注意以下几点：

（1）**适温投饵**　根据鲤鱼耐低温的特点，在早春和晚秋季节应加强人工投饵，只要水温在10℃以上就可投饵，日投饵率一般为鱼体重的 1% ~ 3%，分 1 ~ 2 次投喂，以提高产量。

（2）**应科学投饵** 做到"三看"、"四定"。

（3）**在养殖周期中，严格水质管理** 始终保持"肥、活、嫩、爽"的水质标准，水色呈浅绿色或黄褐色为佳，透明度控制在 30 厘米左右，特别在养殖高温季节，应注意经常加注新水，促进鱼的代谢，加速鱼的个体生长速度。

（4）**定期进行消毒** 严防寄生虫病和其他疾病的发生。一般用40 毫克/升的生石灰或 0.5 毫克/升的漂白粉或敌百虫等药物定期消毒 1 次。

四、饲养方法

1. 单养法

选面积为 2 ~ 4 亩，水深为 1 ~ 1.5 米，经消毒的池塘，放养鲤鱼夏花 3 000 ~ 6 000 尾/亩，投喂配合饲料或豆饼、蚕蛹、鱼粉混合物，要求饲料蛋白质含量在 35% 以上，每天 4 ~ 6 次，投饵率5% ~ 8%。

2. 混养法

将鲤鱼夏花与其他鱼种混养，可以鲤鱼为主或为辅。若以鲤鱼为主，则应加强饲料投喂，若以花白鲢为主，则可适当培育水质，若以草鱼为主，则鲤鱼宜少放。

3. 饲养管理

（1）**早开食** 鱼苗开口越早，生长起点越早，生长就越好。应力求尽早平稳过渡到用全价配合饲料投喂。

（2）**旺食期强化培育** 寸片到 25 ~ 30 厘米时间内鱼种生长特别快，体长、体重增长均快，需要的饲料也较多，此时应加强投喂，有些渔民此期投饵率超过 10%。

（3）**科学投喂** 投料坚持定质、定时、定位、定量，即"四定"，按鱼种采食节律予以投喂。

（4）**日常管理** 做好早、中、晚巡查，掌握气候、鱼情、病情，保持鱼快速生长，同时定期注水和做好防洪、防逃。

4. 以鲤鱼为主的养殖模式

这种模式以投喂配合饲料为主，粗蛋白质30%以上，每日投4~6次，投饵率为3%~8%。其管理要点除传统的"水、种、饵、密、混、轮、防、管"八字精髓外，还有新"十字"方针：种优、料精、水好、管理精细。重点是精细管理，要求饲养管理人员不能疏忽任何一个环节。

5. 以鲤鱼作配养的放养模式，草鱼或团头鲂为主的模式

草鱼或团头鲂60%、鲤鱼15%、鲢、鳙、鲫鱼共25%，适宜于水源好，草料较多的地区。花白鲢为主的模式：花白鲢50%、鲤15%、草鱼、鲂、鲫30%，适合较肥的水体。斑点叉尾鮰为主的模式：斑点叉尾鮰60%、鲤鱼10%、花白鲢、鲂30%。鲫鱼为主的模式：鲫鱼60%，鲤鱼10%，草鱼10%，鲢、鳙20%。

第三节　鲫鱼

鲫鱼（图5-6）为广布、广适性鱼类，对各种生态环境具有很强的适应能力，从亚寒带到热带，不论水体深浅，流水或静水，清水或浊水，低氧、酸、碱等环境均能适应。一般比较喜欢栖息在水草丛生、流水缓慢的浅水河湾、湖汊、池塘中，它对水温、食物、水质条件、产卵场的条件都不苛求，能在其他养殖鱼类所不能忍受的不良环境中生长繁殖。鲫鱼又是一种广温性鱼类，水温低至10℃左右、高至32℃左右都能摄取和消化食物。能在水中含氧量较低的情况下长期生活，只有当含氧量低达0.1毫克/升时才开始死亡，在较强碱性（pH值为9）的水中也能生长繁殖。鲫鱼又是杂食性鱼类，它们的食谱极为广、杂，其动物性食物以枝角类、桡足类、苔藓虫、轮虫、淡水壳菜、蚬、摇蚊幼虫以及虾等为主；植物性食物则以植物的碎屑为最主要，常见的还有硅藻类、丝状藻类、水草等。在我国南方，鲫鱼几乎全年都能摄食；在北方只在由12月份至翌年3月份停止摄食。而6—8月份则为它们最旺盛的摄食时期。鲫鱼在天然

状态下生长速度较慢，当年仅长至50克，第二年长到100～150克，第三年可达300克以上；最大个体可达2.5千克，常见的个体一般都在250克左右。

图5-6　鲫鱼

一、鱼苗培育

鱼苗培育池面积以1～3亩左右的长型池塘为宜，池底平坦，淤泥约10～20厘米，向阳通风，靠近水源。鱼苗池应清塘消毒。可以干池清塘，也可带水清塘。经清塘消毒后的鱼苗池方可注水，注水时进水口应用筛网过滤，防止野杂鱼等有害生物进入池内。一般注水40～60厘米为宜。鱼苗下塘前3～7天，鱼苗池应施基肥，以培育鱼苗下塘后的较多的适口饵料。

鱼苗池在鱼苗放养前，必须进行拉网，以清除池中的野鱼、蝌蚪及水生昆虫等有害生物；盛取适量池水，放入十余尾鱼苗试水，无中毒或死亡现象，方可放苗；观察水色、以水色呈灰白色、黄绿色或淡黄色为好，表明肥度适中，适宜放苗。异育银鲫鱼苗放养密度以每亩放养10万～15万尾为宜。鱼苗下塘后，每隔3～5天应施发酵腐熟的有机肥1次，每次量为家禽或畜粪约50～200千克，或混合堆肥汁50～100千克全池泼洒。也可用有机肥，5～7天施1次，用量约5～10千克；如用氨水，可将约5倍塘泥和约20倍的池水拌

和全池泼洒。但施肥次数、用量和间隔时间，尚应酌情掌握。

刚孵出的仔鱼由于非常嫩小，尚不能游动，2～3天后，仔鱼卵黄消失，鳔充气，鱼苗能够平游摄食时，可取走鱼巢并及时投喂熟蛋黄或黄豆浆。一般每日喂豆浆2～3次，每天施用黄豆浆3～4千克/亩，10天后，适当补充部分精饲料和追施粪肥等有机肥料。为促进鱼苗的生长，鱼苗培育期间需注新水2～3次，使水深保持在1米左右，每次注水5～10厘米。经15天培育，鱼苗规格可达2～2.6厘米，这时可停喂豆浆，20～25天即可长到3～3.5厘米，而进入下一阶段的培育。鱼苗培育中，随着鱼长大池塘中鱼苗往往密度过大，不利于鱼苗的生长与管理，因此需要及时分塘培育。通常在仔鱼培育7～10天后，用水花（鱼苗）网箱或斗箱小心缓慢地将鱼苗拉起，过数小时后移至预先准备好了的鱼苗池中培育。培育方法同上文所述。水面放养密度为15万～20万尾/亩。鲫鱼苗达3～3.5厘米时，南方大部分地区四大家鱼的鱼苗规格在1.5～1.8厘米，这时可将3～3.5厘米的鲫鱼苗按2 000～3 000尾/亩的密度套养在四大家鱼的鱼苗培育池内作套养。经过15～20天的饲养，四大家鱼的鱼苗规格达到2.5～3.5厘米，可分塘转养或销售，鲫鱼苗规格则可达5厘米以上，这种规格的鱼苗有利于鲫鱼当年鱼苗养成成鱼。

二、鱼种培育

鱼种池可选面积为2～8亩，水深为1.5～2.5米的鱼池。夏花鱼种放养前，同鱼苗放养前一样，鱼池必须清塘消毒、除害及施基肥。

放养的夏花鱼种应体格健壮、游动活泼、背部宽厚而头部较小、体色洁净光亮、鳞片完整、全身无伤、规格大小较一致。

下塘后的一个时期里，主要投喂黄豆饼浆，之后可投喂黄豆饼糊，随着鱼体的生长，则可投喂团状饲料或颗粒饲料。投喂饲料可设置食台，通常每亩水面设2平方米左右的食台4～6个。投饲量的多少，与鱼种的数量、鱼体的大小、体质的强弱、水温、水质、天然饵料和天气变化等因素有关。一般可掌握每天投喂的饲料约为鱼体重的2%～5%。如检查饵料残留较多，或天气不好，气压低等就应酌减。饲料投喂一般为每天3次，初期应"量少次多"。投喂饲料有黄豆饼、菜子饼、花生饼、棉籽饼、麸皮及玉米粉等，但各类饲料含粗蛋白量不等，因此，饲料选择上应灵活掌握。如用颗粒饲料，粗蛋白含量应保持在28%~30%。若用黄豆饼和菜子饼为主要饲料，可各占30%或40%，酌加鱼粉2%~5%，其他另行搭配。

鱼种培育期间，应适时加水，改善水质，可定期在池内排出及加注新水各15~50厘米水位；盛夏池水以保持在2.5米左右为宜。鱼种池应放置增氧机，每天中午开启1~2小时。做好鱼病防治，每月1~2次定期施放生石灰，能调节水质，控制一些病原体的繁殖，对鱼病防治有积极作用；7月份以后，每亩每次施放生石灰20~40千克，在饲料中拌加少量"痢特灵"等药物，也可起防病作用。如发生鱼病，应及时治疗。

三、成鱼养殖

鲫鱼在池塘中养殖，主要采用在成鱼池中混养、池塘主养、鱼种池套养和亲鱼池套养四种养殖方式。

1. 在成鱼池中混养鲫鱼

鲫鱼与青鱼、草鱼、鲢、鳙、鳊、鲂、鲤等多品种混养的方式，应放养大规格鱼种。放养时间宜早不宜迟，即冬季放养较春季放养效果好。放养密度为150~250尾/亩。其他鱼的放养规格和数量根据需要确定。鲫鱼的养殖池塘要求不高，一般面积为1.5~3亩，水深为1.5米以上的池塘即可。池底有10~15厘米厚的淤泥最佳。池塘的清理、消毒、施基肥等均按常规方法进行，鱼的成活率可达80%左右。经200天左右的饲养，个体重在200克以上的占绝大多数，产量达20千克/亩以上。

2. 池塘主养鲫鱼

池塘主养鲫鱼时要求面积以1.5~3亩为宜，水深1.5米以上，池底有10~15厘米的淤泥，村前屋后有生活污水的池塘主养鲫鱼效果较好。放养鱼种前一周用生石灰清塘消毒，消毒后2~3天注水，注水时用网栅在入水口过滤以防止野杂鱼入池。每亩水面主放5~

6.5 厘米鲫鱼过冬鱼种 1 500 尾或当年孵出大规格鱼苗 2 000 尾，搭配 40% 左右（600~800 尾）草鱼、鲢和鳙过冬鱼种。放养时间宜早不宜迟。日常以投喂精饲料为主，结合施肥培养水质为辅。精饲料的年投喂量相当于彭泽鲫预计产量的 2.5 倍左右。采用定点投喂，日投喂量根据鱼体生长情况、天气、水温和鱼的摄食强度而定，并根据水质情况适时施肥或加注新水。在一般管理水平下，当年可获平均体重 150 克/尾左右的鲫鱼 200 千克，500 克/尾左右的草鱼、鲢、鳙鱼 200 千克。由于优质鱼的比例较高，其纯利润也较其他养殖模式要高。

3. 鱼苗池套养鲫鱼

可在青鱼、草鱼、鲢、鳙、鳊、鲂等鱼苗池内套养成鱼，而不适宜套养在鲤鱼、罗非鱼的鱼种池内。套养池塘面积要求为 1.5~3 亩，水深为 1~1.5 米。池塘的清理、消毒、施基肥等均与常规的方法相同。鲫鱼在其他鱼苗池套养，只能放养当年孵出的鱼种。放养时间宜早不宜迟，一般在主养当年孵出的鱼种分塘转入过冬鱼种培育时，就应立即放入当年孵出的鲫鱼种养殖；放养规格宜大不宜小，放养密度为 150~220 尾/亩。其他当年孵出的鱼种的放养数量、规格和搭配品种的比例视生产需要和出塘规格而定。鲫鱼苗为底层鱼类，一般不影响家鱼鱼种的生存空间，可充分利用水体空间。因此当年孵出的鱼种在鱼苗池套养，基本上不影响主养鱼种的放养密度和出塘规格；又由于鲫鱼在家鱼鱼种池中主要是摄食残饵和池底动植物等，因而基本上不需要增加资金和饲料的投入。在通常饲养管理条件下，鲫鱼苗在鱼苗池套养，经 150~180 天的饲养，年终起水规格可达 200 克以上，增收鲫鱼成鱼 25~40 千克/亩。

4. 亲鱼培育池套养鲫鱼

我国南方地区，一般在 5 月中旬至下旬家鱼人工繁殖生产即可结束。产后亲鱼性腺处于恢复期，为尽快恢复亲鱼体力，促进性腺发育，池塘多为精养管理。这种鱼池除安排亲鱼培育及搭配其他鱼外，可再搭放 5~6 厘米的鲫 200 尾/亩。鲫在亲鱼培育池套养，放养时间一般与亲鱼同时进行，培育（养殖）方法按主养家鱼亲鱼的常规方法进行。亲鱼培育需遵循其性腺发育的规律来进行。亲鱼培育池套养鲫鱼一般年底不能干塘起捕，需待翌年亲鱼进行产前强化培育时方能彻底起捕。经 250～300 天的饲养，可获鲫鱼 25～45 千克/亩，平均个体重 200 克以上。

第四节　团头鲂

团头鲂（图 5－7），又名团头鳊或武昌鱼，是一个优良的养殖品种，草食性，生长比鳊快，且容易捕捞，在池塘中也能产卵繁殖；团头鲂肉味鲜美，脂肪丰富，体形好，头小，可食部分所占比例大（77.6%）。

图 5－7　团头鲂

团头鲂的摄食能力和强度均低于草鱼。鱼种及成鱼以苦草、轮叶黑藻、眼子菜等水生维管束植物为主要食料，也喜欢吃陆生禾本科植物和菜叶，还能摄食部分湖底植物碎屑和少量浮游动物，因此

食性范围较广。一般从 4 月份开始摄食，一直延续到 11 月份，以 6—10 月份摄食量最大。

团头鲂属于中型鱼类，生长速度较快，以 1～2 龄生长最快。在水草较丰盛的条件下，一般当年鱼体重可达 100～200 克；二龄鱼体重可达 300～500 克，以后生长速度逐渐减慢，最大个体可达 3～5 千克。

一、鱼苗培育

鱼苗培育阶段一般采取单养模式，鱼苗主要依靠池中丰富的天然饵料获取营养，采取施肥、投喂相结合的方法。

1. 鱼苗池的选择

为方便操作，鱼苗池宜选择长宽比为 2∶3 的长方形池塘，面积介于 1～2 亩之间。要求通风向阳，交通便利，靠近水源，水质清新、无污染，灌溉方便，池塘底质为壤土。池水平均深度为 1.2 米，池底平整。

2. 清塘消毒

常用的清塘药物有生石灰、茶粕、巴豆、漂白粉等。这些药物可以单一使用，也可以混合使用。

3. 施肥

团头鲂鱼苗出膜 7 天后即可主动捕食个体较小的轮虫和无节幼体，根据这一特点，生产中通常采用施肥培育的方式进行鱼苗培育，经济又有效。

4. 水质调节

池塘施肥后 4～5 天，池水中的藻类及团头鲂幼鱼喜食的原生动物、轮虫和小型枝角类开始大量繁殖，水体呈浅绿色，适合仔鱼的生长。因此，施肥的最佳时间应在团头鲂鱼苗下塘的前 4～5 天。然而，随着水质的变肥，大型枝角类和桡足类的生物量也逐渐增大。这类大型的浮游动物非但不能被团头鲂摄食，反而会与其争夺水体中的溶解氧和饵料。因此，在施肥的后期，往往需用适量的晶体敌百虫溶液除去过多的大型浮游动物。

5. 鱼苗的放养

鱼苗下塘的时间宜在出膜后 7 天左右，此时仔鱼处于混合营养期，一方面自身的卵黄囊没有消失，另一方面也可开口摄食水体中的小型浮游动物，适应性较强。

鱼苗的放养密度以 10 万～12 万尾/亩为宜，在管理技术高，饵料充足，溶氧量高的情况下，也可适度增加放养量，但以不超过 25 万尾/亩为宜。鱼苗的放养密度过大，会因饵料和溶解氧的不足影响其正常生长，从而导致鱼苗成活率下降，规格不整齐。而放养密度过低，水体得不到充分利用，也将导致养殖效益的下降。所以在生产中应该掌握好鱼苗的放养密度。

6. 饲养管理

仔鱼下池后的第一天即可投喂黄豆浆，日投喂量为每万尾 100～150 克，每天于 08：00—09：00 和 14：00—15：00 各投喂 1 次。下塘后的鱼苗生长较为迅速，随着个体的不断生长，鱼苗对生存空间和溶解氧的要求也在提高。此时，可通过定期加注新水，提高水位来增加溶解氧和水体空间。注水的时间和频率，视不同的养殖情况而定。一般仔鱼下塘一周后可以注水 1 次，注水量控制在 20 厘米左右，随后每次注水间隔时间 4～5 天，直至池中水深加到 1 米为止。

7. 拉网锻炼

一般情况下，团头鲂仔鱼经 15 天的培养，体长可达 3 厘米左右，即通常所说的寸片。鱼苗池的生长条件已不能满足其生长需要，通常需要进行分养。而分养就必须出塘、运输，为增强鱼苗的体质，使其适应分养过程中的低氧环境，在出塘前需对其进行拉网锻炼。拉网锻炼除能提高运输的成活率，还可以粗略估计鱼苗数量，因此，拉网锻炼也是鱼苗培育阶段非常重要的环节。

鱼苗的拉网锻炼宜选择在晴好的上午进行，操作要轻缓，以免误伤鱼苗。一般需要进行三次拉网锻炼。由于鱼苗体质娇嫩，第一次拉网只需将鱼苗集中在网内即可，操作需特别小心。第二次拉网于隔天进行，需将鱼苗集中后使其顶水进入另一个网箱，并除去野

杂鱼类，两小时后放回鱼苗池。随后再隔一天，即可进行第三次拉网，拉网后将鱼苗转入水质较好的池塘中暂养一夜，次日清晨进行长途装运。

二、鱼种培育

1. 池塘条件

培育池塘面积宜为 3~5 亩，平均水深为 1.5 米左右，并在池中央搭设食台一个。为防止鱼种缺氧浮头，鱼种池还应配备增氧机，以每亩 0.75 千瓦为宜。

2. 培育模式

为了充分利用水资源，可采取主养团头鲂，搭养适量鲫、鲢、鳙鱼种的模式进行培育。

3. 饲养管理

由于幼鱼的生长速度快，加上池塘中饵料生物丰富，生长条件适宜，鱼种在该阶段的生长极为迅速。因此，二级饲养阶段的生长情况与鱼种的出塘规格和产量极为相关，应抓住这一时期积极培育鱼种。下塘后第一周，仍然定点投喂豆浆。当鱼体超过 5 厘米后，鱼种已能吞食颗粒人工配合饲料，此时可用粒径小的颗粒饲料进行投喂，投喂管理要求做到"四定"。

鱼种的摄食活动与温度有关，投喂的次数和日投喂量应视水温的变化而相应调整。当水温为 20~24℃ 时，可每日投喂 2 次，而当水温上升到 25~28℃ 时，投喂次数可调整为 3 次，水温达到 28℃ 以上时投喂 4 次，每次间隔约为 3 小时。

4. 日常管理

鱼种培育阶段应坚持早晚巡塘，及时掌握鱼种吃食和活动情况，便于及时调整日投喂量和投喂次数，发现异常情况应立即处理。为防止池水缺氧，应通过加注新水或开启增氧机等方式增加池内溶解氧，切忌使池水溶氧量低于 4 毫克/升。

虽然团头鲂的病害较少，但同池搭养的鲫和鲢容易患出血病，若在池中继续感染同样会波及团头鲂鱼种，因此平时应随时关注池中鱼种活动情况，特别对离群独游的鱼。一旦发现病鱼，可在三天内全池泼洒二氧化氯2次，具有较好的防治效果。

三、成鱼养殖

1. 池塘条件

养殖池塘面积为3~10亩，水深为1.5米以上较为合适，形状以长方形，东西向为好，这样池塘受光照时间要长些，可以促进浮游生物的繁殖生长和提高鱼池水温。养殖池应设在水源充足，水质良好，进、排水方便，交通便利的地方。池底质好，无渗水、漏水现象，塘底平坦，池底淤泥深度不超过20厘米，池埂坚固、整齐，有防旱、防洪措施。此外成鱼池还应配备增氧机，每亩鱼塘配0.5千瓦以上。

2. 清塘消毒

冬季或早春把池水排干，让池底冰冻日晒，以杀死病原菌，挖出过多的淤泥，修补堤埂，堵好漏洞，整平池底。鱼种放养前进行彻底清塘消毒。清塘一般可用漂白粉或生石灰、茶籽饼等，以生石灰为好。生石灰清塘，干塘每亩用量为60~75千克，带水清塘，水深1米，每亩用量为120~150千克，用药后7~14天药性消失；漂白粉清塘，干塘法每亩用量4~8千克，带水清塘，水深1米，每亩用量为13.5~15千克。

3. 鱼种放养

放养时间以放养成活率高的冬季12月份或早春2月份为宜，应选择晴天，下雨、下雪、刮风不宜放养。放养时先放主养鱼，15天后再放养混养鱼，团头鲂抢食能力弱，不可同时放养鲤鱼、草鱼等抢食能力较强的鱼类。鱼苗要规格一致、健康无病，放养密度应根据设计产量、出池规格、饲养技术来确定。一般每亩放养尾重为100~150克的团头鲂2龄鱼种1 000尾，尾重20克左右的团头鲂1龄鱼种1 250尾；每亩套养尾重500克左右的鲢、鳙老龄鱼种200尾，尾重40~50克的鲢、鳙鱼种250尾，每尾重20克左右的鲫鱼种

1 000 尾。这样，可充分利用水体中的饵料，获得高产高效。

4. 水质管理

放养鱼种时水深保持在 1.2~1.5 米，以后随鱼的生长和气温升高逐步加深池水，注意水质变化，及时换水，加注新水，保持池水水质清新，溶氧量大于 3~5 毫克/升，透明度 30 厘米以上，pH 值为 7.5~8，水质"肥、活、嫩、爽"，控制水中浮游动物（如轮虫、枝角类、桡足类）数量。培养藻类，可向池塘施磷肥 1.5 千克/亩，钾肥 500 克/亩。同时根据鱼的活动情况和天气情况适时开启增氧机，晴天中午最好能够开动增氧机，搅动水体，释放有害气体，增加水体溶氧量，利于亚硝酸盐转化为硝酸盐。最后，一定要注意使用优质饲料，以减少鱼类向水体排泄的氨氮量。

5. 饲料投喂

以配合饲料为佳，要求饲料耐水性好，颗粒均匀，无变质发霉。投饲要做到"四定"和"匀、足、好"。

6. 防病措施

做到无病先防，有病早治，用药是治疗或预防疾病的办法，而控制和改善养殖水体的环境条件，加强饲养管理，增强养殖鱼类的抵抗力，才是预防养殖对象疾病发生的关键。

7. 日常管理

日常管理工作中要做好工具消毒、鱼种消毒、食物和食场消毒。

第五节 黄颡鱼

黄颡鱼（图 5–8），俗名黄辣丁，属底栖杂食性鱼类，其肉质细嫩、营养丰富、经济价值极高，是极具市场潜力的养殖品种。黄颡鱼在日本、韩国、东南亚等国家亦有巨大的市场，是出口创汇的优良品种。

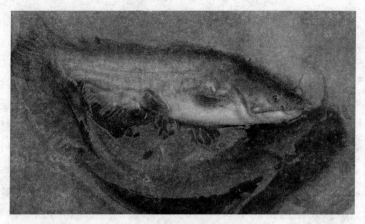

图 5 - 8　黄颡鱼

一、苗种培育

鱼苗培育是指孵化出膜后经过培育至 2～5 厘米左右鱼种的过程。这一阶段需要 20～30 天，培育鱼苗过程中要求较高的养殖技术水平及严格的管理措施，其生产指标为：成活率在 80%～95%，规格在 5 厘米左右，鱼体健壮、无病害，规格整齐。

1. 鱼苗池条件

黄颡鱼鱼种培育池面积不宜过大，以 1～3 亩为宜，要求靠近水源且水量充足，清澈无污染，池塘配备增氧机。

2. 鱼苗培育池的清整消毒

对鱼苗池进行清整和消毒是改善池塘环境条件，提高鱼苗成活率的重要措施。清整是在冬季或早春将池水排干，让池底经过冰冻、曝晒，减少病害。然后挖出过多的淤泥，修补堤埂，填好漏洞，平整池底。鱼苗放养前 10～15 天，用生石灰或其他清塘药物清塘，杀死野杂鱼、致病菌、寄生虫和其他敌害生物。

3. 培养水质

清塘后，鱼苗下塘前一周左右，注水 40～60 厘米。并在塘角堆放有机肥料，培育鱼苗适口的天然饵料，使鱼苗下塘以后即可有丰

富的饵料。

4. 放养密度

每亩放养 5 万 ~ 10 万尾，以单养为好，放苗时应注意以下几点：

(1) 苗种　鱼苗必须在 0.9 厘米以上，活力要好，游动正常，已开食。

(2) 规格整齐　同一池鱼苗要求是同一批的鱼苗。避免培育规格参差不齐，放养时操作要轻快，注意放苗温差，温差不要超过 2℃。

(3) 试水　鱼苗放养前一定要试水，其方法为：用桶装一桶池水，放入几尾鱼苗，经 12 个小时观察无异常现象，可放心放养鱼苗。

5. 饵料投喂

鱼苗下塘后，前几天可不投饵，几天后开始逐步投喂饵料。一般采用粉状配合饲料，用水搅拌成球状直接投喂到池塘中央及平铺在池底的饵料台上即可。水温为 20 ~ 30℃时，每天上、下午各投喂 1 次，投喂量约占鱼体重的 3% ~ 5%。依据黄颡鱼的集群摄食习性，投喂饵料采取集中的投喂方法，投喂面积约占池塘面积的 6% ~ 10% 即可。

6. 日常管理

黄颡鱼鱼苗有显著的畏光性和集群性。一般需在池塘水深的一端设置遮盖物，遮盖面积约 5 平方米即可。如果池塘水质有一定的肥度，透明度较小也可不盖。分期注水是鱼苗培育过程中加快鱼苗生长和提高鱼苗成活率的有效措施。可每隔 3 ~ 5 天加水 1 次，每次加水 8 ~ 10 厘米。注水时要防止野杂鱼和敌害生物进入池中。

二、成鱼养殖

1. 池塘条件

养殖黄颡鱼的池塘面积要求不严，可大可小，但水深应保持在 1.5 米以上，池底淤泥不宜过厚，以泥沙底质为佳。池塘要求排灌方便，水量充足。鱼种下池前用生石灰进行池塘消毒，每亩池塘用生石灰75～90千克，以彻底清除野杂鱼类和杀灭病原生物。

2. 池塘主养

池塘主养黄颡鱼，鱼种规格以10～15厘米、体重在15～35克左右为佳，每亩放2 500～5 000尾左右，并配养鲢、鳙鱼各100尾，用以调控水质。饵料日投喂量，全价配合饲料按鱼体重的1%～4%左右、小杂鱼虾按体重10%左右投喂。由于黄颡鱼是以肉食性为主的杂食性鱼类，因此，对饲料的蛋白质含量和质量要求较高，否则影响黄颡鱼的正常生长。对已经驯食的人繁种苗可直接投喂人工饲料，对天然种苗还须经驯食1周左右才能正常摄食人工饲料。驯食方法：先用鱼糜沿池边泼撒，1～2天后，待鱼种开始前来摄食，再逐步添加人工饵料搅入鱼糜中定点投于水边，最后全部转为人工饲料进行定点、定时、定量投喂。

3. 混养

黄颡鱼套养在其他养鱼池中，可以利用池内的一些野杂鱼虾，不必为黄颡鱼另行投喂饲料，每亩放50～100尾规格在35克左右的鱼种，可获得10～15千克商品黄颡鱼。套养黄颡鱼种的放养规格不宜过小，池中不宜再配养其他凶猛的肉食性鱼类，如大口鲇、乌鳢等。

4. 水质管理

黄颡鱼耐低氧较常规鱼差，喜清洁水，因此，养殖黄颡鱼的池塘水透明度应保持在35～40厘米，放养密度高的池塘应设增氧机防止缺氧浮头，定期加注新水。黄颡鱼池水不宜碱性过强，用于防病的生石灰用量不宜超过20克/米^3。

5. 鱼病防治

黄颡鱼的抗病能力强，养殖中一般无大病。但在饲养中受季节、气温、水质、投料及鱼体表无鳞的特点和养殖池中的细菌、寄生虫等影响，也会引起局部感染和寄生虫寄生于鱼体鳃丝及内脏各部位引发疾患，需在平时养殖中注意观察，针对异常情况提前预防。

三、养殖方式

1. 主养黄颡鱼

(1) 池塘准备 黄颡鱼对池塘要求不严,一般选水源充足,水质清新无污染,排灌方便的池塘,最好不选淤泥厚的老化池塘。每个池塘都需有可控制的进、排水口。一般主养池塘面积为 3~5 亩或 10 亩以下,水深以 1.5~2 米较为理想,池塘较浅光照度较强,不利于黄颡鱼喜弱光下摄食的要求。

池塘在放鱼前 10~15 天用生石灰(70~90 千克/亩)或漂白粉(4~6 千克/亩)进行清塘消毒。一般在池塘消毒后第二天加注水 0.8~1 米,第三至四天按 350 千克/亩施入发酵腐熟的有机肥以繁殖天然饵料,等到毒性完全消失后,放入鱼种,加满池水。每个池塘配备 1 台 1.5~3 千瓦的增氧机。

(2) 鱼种放养 投放的苗种无论从天然水域捕捞或人工繁育,都要求无病无伤,体质健壮,规格基本一致,一般尾重 15 克左右,放养期在 3—4 月份之间,每亩放养 1 000~1 500 尾;同时每亩套放尾重 100 克左右的团头鲂鱼种 100~150 尾;尾重 50 克的鲢、鳙鱼种 50~80 尾。搭配品种不宜用鲤、鲫、罗非鱼等杂食性的底层鱼类,这些鱼类的生活习性与黄颡鱼大致相当,混养这些鱼类会跟黄颡鱼争夺饵料和栖息环境,影响黄颡鱼的生长。

在黄颡鱼鱼种下池 1 周后,搭配投放一些与黄颡鱼在生态和食性上没有冲突的其他鱼类,以充分利用池塘的水体空间,如搭配体长 15~20 厘米的花鲢 50 尾/亩,体长 15~20 厘米的白鲢 200 尾/亩。鱼种放养时用 3%~5% 食盐水浸洗消毒,以杀灭鱼体表的细菌和寄生虫。鱼种下塘前,鱼篓内水温与放养池水的温差不超过 3℃。

(3) 日常管理 坚持早、中、晚三次巡塘,认真观察鱼类活动、摄食与生长情况,发现问题及时处理;经常注入新水,防止水质恶化,还可防止鱼体发病和产生浮头现象。最好每隔 10 天注入新水 20~30 厘米,在阴雨天要开增氧机。

由于长期投饲,池塘水质会逐渐变化至呈弱酸性,这对黄颡鱼生长不利，可以通过合理地使用药物，调节池水的 pH 值（7～8.4）。调节池水水质的药物多为生石灰，一般为每 15 天左右用 1 次，每次用量为 15～25 千克/亩。

（4）注意事项 鱼种在放养、捕捞、计数、运输时的操作要轻，使用的工具要光滑，避免碰伤鱼体。黄颡鱼对常用水产药物忍受能力不及四大家鱼，这可能由于黄颡鱼是无鳞鱼的缘故，所以，对黄颡鱼用药一定要严格控制用量，防止黄颡鱼因中毒而死亡。黄颡鱼对硫酸铜、敌百虫等药物比较敏感，尤其要慎用。

出塘一定要根据规格大小、市场行情来定，一般在 100 克以上便可上市。

2. 套养黄颡鱼

（1）品种搭配 鱼种放养时间一般选择在冬季或春初进行，放养规格一般为 20 克/尾以上，放养密度一般为 2 000～3 000 尾/亩。鱼种放养前，应用3%～5% 食盐水浸洗 10～15 分钟后，方可放养。同时，搭配鲢、鳙的夏花鱼种，鳙 1 000 尾/亩，鲢 3 000 尾/亩。

黄颡鱼在饲养其他品种的池塘中进行混养，通常采用的方法是，将 5 厘米左右的大规格夏花或 10～15 克的冬片苗直接套养在池塘中，在不增加投喂饲料，不增加人工、水电等成本的情况下，可以增加塘中优质鱼类产量及经济效益。

（2）套养密度 套养密度应根据其他底层鱼类放养和饵料情况而定，常规饲养方法的商品鱼池塘，每亩套养 5 厘米左右长的大规格夏花 250 尾或 10～15 克的冬片苗种 2.5 千克。经过一个生长季节的套养，大规格夏花年底可长成平均规格 100～150 克左右的成鱼 15 千克。在不是以鲤、鲫等底层鱼类为主养鱼的池塘，黄颡鱼的套养量可成倍增加。

（3）日常管理 黄颡鱼的养殖过程当中，日常管理比较重要，主要应抓好饵料投喂。根据黄颡鱼集群摄食的习性，在池塘中设置固定的食台，一般每亩鱼塘设食台 1～2 个。每日定点投喂 2次，投喂量占池鱼重量的 5%～9%，一般每天 07：00—08：00、17：00—18：00 各投喂 1 次，考虑黄颡鱼晚间摄食的生活习性，上午投喂一天投饵量的 1/3。有条件时可适当投喂水蚤、丝蚯蚓、蝇蛆等鲜活饵料。鱼类生长旺盛时期，可适当投喂一些水草、陆草，以供摄食。

一般每 15 天换水 1 次，每次换水 1/4～1/3，以保持水质清新，溶解氧充足。生长季节（4—9 月份）每隔 15～20 天全池泼撒 1 次生石灰，每亩用量为 10～15 千克，调节池水的 pH 值（6.8～8.5）。要适当投入一些活螺蚬等，用以净化水质，并作饵料。

（4）鱼病防治 黄颡鱼抗病力强，病害少，只要预防得当，一般不易发病。在养殖过程中，要定期对水体、食台消毒。定期在鱼浆中加入 1% 食盐，连续投喂 5～7 天，投喂的饵料要新鲜、干净，要坚持不投喂腐烂变质的饵料。每月用 1～1.5 毫克/升的漂白粉或 0.3 毫克/升强氯精杀菌 1 次。巡塘观察发现黄颡鱼摄食不旺和行动迟缓等情况应立即检查，一旦发现病害应及时对病鱼进行镜检，进行综合分析和确诊后，对症下药；并加强池水更新和消毒措施。

第六节　南方大口鲇

南方大口鲇（图 5 - 9）主产于我国长江流域的大河中，是一种以鱼为食的大型经济鱼类，常见个体重 2～5 千克，最大个体可达 50 千克以上。大口鲇含肉率高，蛋白质和维生素含量丰富，肉质细嫩，味道鲜美，是产地群众极为推崇的高级鱼之一。

图 5 - 9　南方大口鲇

一、鱼苗培育

大口鲇苗种培育以"肥水、大池"为特征，与常规鱼类培育方法显著不同。通过实验和实际生产摸索总结大口鲇苗种培育及生产管理方法，对提高苗种培育生产的技术水平和经济效益，具有重要的意义和积极的作用。

1. 培育前的准备工作

鱼苗培育，主要在于水体中浮游动物培育。浮游动物〔包括轮虫、枝角类、桡足类（也称小蚤）及部分细菌团〕是鱼苗开口及幼苗阶段天然的、最好的饵料。因此，鱼苗池水质的培育也就主要是"浮游动物"的培育，是相当关键的一个环节，它直接关系到鱼苗培育成活率，鱼苗长势、体质及鱼苗出池规格的整齐与否。

（1）培育池选择 池塘面积不宜过大，以2~3亩为宜。水源方便，能排能灌，池底平坦，有少量的淤泥为好。

（2）培育池消毒 对培育池用每亩100千克左右生石灰清塘、消毒，杀死有害生物，并可改善池底底质。

（3）施肥 泼入或冲入250~400千克/亩腐熟的鸡粪或家禽粪，若用牛粪等牲畜粪也可，用量需增大30%~50%，并灌水至20~30厘米左右。

（4）调节水质 3~6天水色变绿后逐渐变淡为茶褐色，冲水至50~70厘米深，再过1~2天肉眼能见水中出现很多细小的"浮游动物"（需仔细观察），即可放水花入池培育。

2. 水花下池

当孵出仔鱼的卵黄囊基本消失，体色由淡黄变成褐色，并基本能平游时，即可下池，水温变幅为±20℃，放养密度为10万~15万尾/亩，在活饵料充足，水温20~26℃（变幅不超过±3℃），水质清新，溶解氧充足的条件下，只需10~15天可达3厘米以上规格，成活率一般为70%~80%，此时就应及时过筛，分级分池饲养，进入鱼种培育阶段，由于大口鲇出膜2天后的仔鱼具有相互残食的天性，故供足适口的"浮游动物"是该阶段成功的关键。也可在"浮游动

物"不足时投以蛋黄、奶粉等以应急，但效果不是很好。另外也可用小型水泥池或小型筛绢网箱投喂"浮游动物"进行培育，放养密度为 100 ~ 200 尾/米²，但第一两天投喂需用 40 目筛绢过滤后的小型"浮游动物"，以增强其适口性，而后即可直接投喂，但必须注意几点：①"浮游动物"必须鲜活；②投喂以少量多次为好；③根据鱼的长势逐渐增强投喂量及分池、分箱；④遮阴。

二、鱼种培育

按每平方米水面放 3 厘米长的鱼苗 80 ~ 100 尾，经 30 天左右培育，体长可达 8 ~ 10 厘米，一般成活率可达 80% 左右。本阶段前期主要饵料为大型"浮游动物"、水蚯蚓或 2 ~ 3 厘米的家鱼苗及低值鱼苗，以及绞碎的猪、牛、马的肺叶、鸡肠或海杂鱼、淡水鱼等。当达到 5 ~ 6 厘米的长度规格后即可用添加引诱剂的配合饲料（膨化或软颗粒及具黏合力的团状配合料）进行人工食性转化驯化，若驯化不好成活率较低。最好以动物性饵料驯化。日投饵量为鱼体总重的 3% ~ 10%，因大口鲇是底层鱼类，畏光，以黄昏或夜间投喂为好，该阶段鱼种间自相残食最为严重，除供应充足饲料，必须经常（7 ~ 10 天）严格地将全池鱼苗过筛、分级分池饲养，且保证饵料充足适口（在大口鲇口裂能吃进的情况下，饵料颗粒越大越好）。当大口鲇体长为 10 ~ 12 厘米，尾重 7 ~ 8 克时可放入大池开始成鱼养殖。

三、成鱼养殖

大口鲇适应能力较强，既可在池塘单养，也可与其他鱼混养，还可在网箱、流水池进行集约化养殖。

1. 池塘单养

应当选用水源充足，排灌方便的鱼池。鱼种放养前须先清除淤泥，再用生石灰消毒，务使底泥厚度不超过 5 厘米。加强水质管理，保持池水清新，防止缺氧。防浮头是大口鲇养殖成功的又一关键。除每亩可配养 80 ~ 100 尾鲢、50 ~ 80 尾鳙（规格在 16.5 厘米以上）

消耗池中的浮游生物外，平时应经常加注新水，如有微流水条件则更好。因此，排灌不便或水源紧张的池塘应配备增氧机，保证池水有较高的溶氧量。

（1）**放养规格** 全长 7 ~ 12 厘米为好。规格太小的，应在小水泥池暂养等到苗种长大些再放入主养池塘生长。超过 12 厘米更好，但要同等规格苗种，以避免大小差别太大，自相残杀。

（2）**放养密度** 放养密度大小，要根据池塘养殖条件、饲料来源、投入成本、养殖技术水平、市场销路等情况而定。在饲料的数量和质量都有保证的前提下，每亩放 10 厘米的鱼种 800 ~ 1 000 尾，养到年底平均尾重可达 0.4 ~ 0.6 千克，平均亩产 250 ~ 300 千克。生产经验表明：在高温季节，水深为 2 ~ 2.5 米时，每亩水面可容鱼 400 千克。以食浮游生物的鱼类（如鲢、鳙）为主，余下容鱼量为 200 千克/亩，作为主养大口鲇并能充分利用天然饲料发挥池塘生产力的重要依据。一般各地结合自己的生产实际情况，选用合适的放养密度，经过 3 ~ 5 个月的饲养，平均尾重可达到 0.5 ~ 1 千克。还可适当加养规格较大的鲢、鳙鱼种，以提高水面生产能力，切不能放入鲤、鲫、草鱼等其他吃食性的鱼类，影响大口鲇的正常摄食。一般每亩放尾重 100 ~ 200 克的鲢、鳙鱼种 80 ~ 100 尾，当年底可达到 0.60 ~ 0.75 千克/尾，共产 50 ~ 70 千克/亩鲢、鳙成鱼。

（3）**饲料及池塘管理** 每天投喂 2 次，09：00—10：00 和 17：00—18：00，日投喂量为鱼体重的 3% ~ 8%，这就要根据水温的高低、天气的晴阴和鱼吃食的情况灵活增减。投喂应定时、定点，还应设置饵料台，以便检查。日常管理，与其他池塘鱼类相同，要按照"定时、定量、定质、定点"投饲原则，只在投饲量分配有些不同，夜晚投饲量为全日量的 2/3。适宜投饲量原则是：投饲后半小时内基本吃完，且略有多余。投喂次数是：晴天时一日 3 次，阴雨天时一日 1 次，高温闷热天气，只在晚上投 1 次。在整个饲养时间应投喂充足、均匀、适量，根据天气及实际生长情况，来调整投饲量，提高饲料转化率。

2. 池塘混养

在小型野杂鱼较多的家鱼池或新鱼池里，每亩放 7～10 厘米的大口鲇 100～300 尾，可控制野杂鱼，避免野杂鱼与主养鱼争食、争氧。混养的大口鲇还可捕食主养鱼中的伤病鱼及体质较弱的鱼，避免了鱼病传播，有利于主养鱼类生长。再加以投喂和补充大口鲇饲料（或饵料），年底尾重可达 1～3 千克左右，亩产 100～300 千克以上商品鲇。

3. 网箱养殖及流水养殖

养大口鲇的网箱主要设置于江河缓流区，水质清新，无污染，也可设置于水库湖泊中，以 5 米见方 25 平方米的"一指"网为好，一般深度为 2.5～3 米，加盖网。一个箱放养 10 厘米以上规格鱼种 2 000～3 000 尾，或隔年 1 龄鱼鱼种（500 克/尾左右）500～1 000 尾。用团状饲料放置于饲料台上，沉于箱中 1～1.5 米深处饲养。也可用鲜活家鱼、低值鱼及冻海鱼饲养，同样将其切碎后沉于食台上驯化饲养，此种方法约 2.5 千克鲜鱼长 1 千克大口鲇。还可将新鲜或冻猪肺、鸡肠等家畜内脏，用绞肉机根据鱼口大小打碎投喂，打碎饵料粒径以鱼口能吞下为限，越大越好。因鲇鱼是吞食性鱼类，饵料过小不适口，影响其生长与成活。

四、鱼病防治

大口鲇抗病力较强，若水质清新，在成鱼养殖中很少患病，但在苗种阶段则病害较多，细菌性疾病或寄生虫，细菌性、病毒性疾病的并发症往往导致大批鱼苗死亡。因此，在生产中仍应贯彻"预防为主，防治结合"的方针。对一般病症可参照家鱼用药，必须注意大口鲇是无鳞鱼，用药后比有鳞鱼敏感，需谨慎。

此外定期向鱼池泼洒 40～50 毫克/升的生石灰水，保持鱼池及饲料台的清洁卫生也是必要的。另外，适当降低放养密度及摄食盛期投饵量，也可减少鱼病。

第七节　泥鳅

泥鳅（图5－10）因其适应性强、疾病少、成活率高，且繁殖力强、运输方便、饵料易得，已成为重要的水产养殖品种。现就泥鳅的苗种培育、成鳅养殖、病害防治以及捕捞、运输等技术要点作一简单介绍。

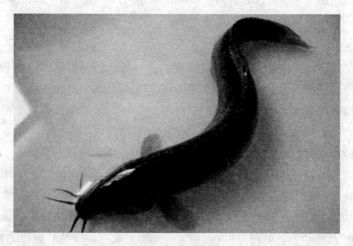

图5－10　泥鳅

一、苗种培育

1. 池塘条件

苗种培育以土池为好，面积以30～100平方米为宜，池深为40～60厘米，池中开挖鱼溜，以利其栖息和避暑防寒，池埂、池底夯实，进、排水口设拦鱼网，池底铺垫15～20厘米淤泥层，池中投放浮萍，覆盖面积约占总面积的1/4。

2. 清塘培水

鳅苗下池前10天，用0.2～0.3千克/米² 的生石灰带水清塘消

毒。消毒后按 300 ~ 400 千克/亩施腐熟的人畜粪作基肥培水，池水加至 30 厘米。待水色变绿，透明度为 15 ~ 20 厘米后，即可投放鳅苗。

3. 苗种放养

鳅苗出膜第二天便开口进食，饲养 3 ~ 5 天，体长达 7 毫米左右，卵黄囊消失，外源性营养，能自由平泳，此时可下池进入苗种培育阶段。鳅苗的放养密度以 800 ~ 1 000 尾/米² 为宜，有微流水条件的可适当增加。注意，同一池中要放养同批孵化规格一致的鳅苗，以确保苗种均衡生长和提高成活率。

4. 饲养管理

刚下池的鳅苗，对饲料有较强的选择性，因而需培育轮虫、小型浮游植物等适口饵料，用 50 目标准筛过滤后，沿池边投喂，并适当投喂熟蛋黄、鱼粉、奶粉、豆饼等精饲料。鳅苗体长达到 1 厘米时，已可摄食水中昆虫、昆虫幼体和有机物碎屑等食物，可用煮熟的糠、麦麸、玉米粉、麦粉等植物性饲料，拌和剁碎的鱼、虾、螺蚌肉等动物性饲料投喂，每日 3 ~ 4 次。同时，在饲料中逐步增加配合饲料的相对密度，使之逐渐适应人工配合饲料。饲料应投放在离池底 5 厘米左右的食台上，切忌撒投。初期日投饲量为鳅苗总体重的 2% ~ 5%，后期为 8% ~ 10%。泥鳅喜肥水，应及时追施肥料，可施鸡、鸭粪等有机肥，用编织袋装入浸于水中，每次用量约 0.5 千克/米²；还可追施化肥，水温较低时可施硝酸铵 2 克/米²，水温较高时可施尿素 2.5 克/米²。平时应做好水质管理，及时加注新水，调节水质。当饲养 1 个多月，鳅苗体长达 3 ~ 4 厘米，开始有钻泥习性时即可转入成鳅养殖。

二、池塘养成鳅

1. 池塘建设

选择避风向阳、引水方便、弱碱性底质、无农药污染的地方建池，面积一般为 100 ~ 250 平方米，池深为 0.7 ~ 1 米，池塘可以是水泥池，也可是土池。土池池壁需用砖、石块砌成，或用三合土夯紧，池底需夯紧，做到坚固耐用无漏洞，池底铺入 20～30 厘米的肥泥。进、出水口用铁丝或塑料网拦住，池底向排水口倾斜，以便排水和捕捞。

2. 培水与放种

池塘按苗种培育方法清塘消毒，池水深保持在 30～50 厘米，并施入猪粪等有机肥培育水质，用量为 0.2～0.3 千克/米²。待药性消失、池水转肥后，即可投放鳅种，3～4 厘米的鳅种放养密度为 50～60 尾/米²，有微流水条件的可适当增加。

3. 饲养管理

在培肥水质，提供天然饵料的基础上，需增加投喂蛆虫、蚯蚓、蚌肉、鱼粉、小杂鱼肉、畜禽下脚料等动物性饲料以及麦麸、米糠、豆渣、饼类等植物性饲料，或人工配合饲料。一般每天上、下午各喂 1 次，日投饲量为泥鳅体重的 5%～10%。投饲应视水质、天气、摄食情况灵活掌握。水温 15℃以上时泥鳅食欲逐渐增强，20～30℃是摄食的适温范围，25～27℃食欲特别旺盛，超过 30℃或低于 15℃以及雷雨天可不投饲。此外，还应根据水质肥度进行合理施肥，池水透明度控制在 15～20 厘米，水色以黄绿色为好。当水温达 30℃时要经常更换池水，并增加水深；当泥鳅常游到水面浮头"吞气"时，表明水中缺氧，应停止施肥，注入新水。冬季要增加池水深度，并可在池角施入牛粪、猪粪等厩肥，以提高水温，确保泥鳅安全越冬。

三、稻田养成鳅

1. 稻田条件及改建方法

凡泥质、弱碱性和无冷浸水上冒的稻田都可养殖泥鳅。选作养鳅的稻田面积不宜过大，一般为 1 000 平方米左右。田埂要加固，并埋下网片或塑料布防止泥鳅钻洞逃逸，进、出水口加设网拦，在田中开挖多个面积为 2～3 平方米、深 60 厘米以上的坑。与坑相通，开挖纵横数条沟，沟宽、深均为 30～40 厘米，坑和沟的面积占稻田总面积的 10% 左右，为夏季高温、施农药化肥及水稻晒田时泥鳅的栖息场所，又便于集中捕捞。

2. 放养

鳅种放养时间以水稻栽插初次耘田后为宜，放种前 3 ~ 4 天在坑、沟内施入腐熟的畜肥 0.4 千克/米²，培肥水质，然后每亩放 3 ~ 4 厘米的鳅种 2 万 ~ 2.5 万尾。

3. 饲养

鳅种放养后，投喂糠麸、粕饼、蚯蚓、蚕蛹粉、动物内脏等，前期日投饲量为泥鳅体重的 5% ~ 8%，以后为 5% 左右，饲料投放在沟、坑中。同时，根据水质情况及时追施肥料，每次追肥量 0.15 千克/米²。稻田应尽量少用农药，必要时选择高效低毒农药，并在晴天喷洒。同时，保持水质清新，防止投饵施肥过量而影响水质。

四、捕捞

1. 冲水法

将捕捞工具放在进水口，然后放水进池。泥鳅受流水刺激，逆水上游，群集于进水口附近。此时将预先设好的网具拉起，便可将泥鳅捕获。

2. 诱捕法

把煮熟的牛、羊骨头或炒制的米糠、麦麸等诱饵放在网具或地笼中，用其香味引来泥鳅。

3. 干塘法

冬季，水温降至 12 ~ 15℃时，泥鳅就会钻入池塘底泥中，只能干塘捕捉。先把水排干，将池塘、稻田划成若干块，中间挖排水沟，泥鳅会集中到排水沟内，便于捕捉。稻田中养的泥鳅，还可用晒干的油菜秆，浸泡于稻田的沟、坑中，待油菜秆透出甜香味，泥鳅闻而易聚，此时可围埂捕捞。

五、运输

泥鳅多为鲜活销售，如运输不当易导致死亡，造成损失。可用竹箩运输，每只竹箩装泥鳅 25 千克，装运时在竹箩底部铺上塑料薄膜，加水 2~2.5 千克，然后放入活泥鳅；运输途中，每隔1.5 小时加 1 次水，可确保泥鳅鲜活。

第八节　黄鳝

黄鳝（图 5 – 11）肉味鲜美，营养丰富，食用价值较高，是一种深受人们喜爱的水产品。近年来其市场需求不断增大，价格不断上涨，是一种较为理想的经济养殖对象。

图 5 – 11　黄鳝

一、苗种培育

1. 池塘准备

鳝苗培育池最好选用小型水泥池，面积为 10 平方米左右，池深为 30~40 厘米，上沿高出地面 20 厘米以上，水池应设进、排水口，并用塑料网布罩住，另外还要设一溢水口，以防雨水满池造成逃苗。池底铺土 5 厘米左右，在放苗前 15 天左右用生石灰清塘消毒，用量为 100~150 克/米²，施加牛粪或猪粪 1 千克/米² 用于培育浮游动物，以便鳝苗下池后有适口的基础饵料生物，池中水深保持在 15 厘米

左右。

2. 鳝苗放养

仔鱼经 4~7 天卵黄囊基本消失，此时便可进入幼苗池中培育，一般放养密度为 150~200 尾/米²。因黄鳝有自相残食的习性，因此放苗时要分规格放养，切忌大小混养。

3. 投喂

幼鳝一经开食即逐渐分散活动，此时如池中培育的浮游动物不足，可辅助投喂一些煮熟的蛋黄。鳝苗下池 2~3 天后，可投喂一些切碎的蚯蚓、小杂鱼和蚌肉，投喂地点最好设在池中遮阳的一侧。日投喂量为池鳝苗总体重的 10%~15%，每日投喂 4~5 次。另外，还可预先用马粪、牛粪、猪粪拌和泥土在池中做成 2~3 个块状分布的肥水区，在这些肥水区内能生长出许多水蚯蚓供鳝苗摄食。在饲养过程中，可以逐渐将鳝苗饲料转变为蝇蛆和煮熟的猪血料、动物内脏以及麦麸和瓜皮等素食或人工配合饲料。

4. 鳝苗分养

当鳝苗体长达 5~6 厘米时要进行分养。方法是在鳝苗集中摄食时，用密眼纱网将身体健壮、抢食力强的鳝苗捞出放入新的培育池内，放养密度为 100 尾/米² 左右，此时日投喂量应为在池鳝鱼总体重的 8%~10%。

5. 日常管理

要求水质清爽、肥沃、溶解氧含量丰富。春秋季每隔 6~7 天换水 1 次，夏季高温季节每隔 3~4 天换水 1 次。换水时，温差不得超过 3℃，水深保持在 15 厘米左右，当水温高于 28℃时要及时加注新水进行降温。

坚持"四定"、"三看"的原则，吃剩的残饵要及时捞出，以免影响水质。夏季在每个培育池中安装 1 个诱光灯，灯泡离水面 40 厘米左右，夜晚可引来大量飞虫，飞虫落入水中可为鳝苗提供大量的活饵。

疾病防治坚持"以防为主，防重于治"的原则，在鱼病多发季节要定期泼洒杀虫药物和漂白粉（1毫克/升）进行杀虫消毒。在池边投入一些药物或捕鼠工具，以消灭老鼠，防止老鼠夜晚入池咬食鳝苗。

勤巡塘，坚持每天检查，以防鳝逃逸；遇天气变化时，如发现鳝苗出穴将头伸出水面，应及时加注新水补氧。同时，做好池塘养殖日记。

人工繁殖的鳝苗培育至年底，一般体长可达15~25厘米，体重5~10克，这样的苗种便可作为下一年成鳝养殖的苗种，且这些苗种适应人工养殖的环境，不需要进行驯食，一般不会带有疾病，成活率非常高。

二、成鳝养殖

1. 水泥池有土生态养鳝

人工修建的水泥池，可在池中栽种少量的浅植莲藕或慈菇等水生植物形成生态养蓄池。此法不需经常换水而水质始终保持良好状态，池水中的营养物质可以随时与土壤进行交换，池中生长的植物既可吸收水中营养物质，防止水质过肥，茎叶在炎热的夏季还可为鳝遮阴，从而为黄鳝生长创造一个良好的生态环境，提高了单位面积产量和经济效益。实践证明，这种生态养鳝投资少，见效快，方法简单，安全可靠。一般每平方米放体长为10~15厘米、规格整齐的鳝种3~4千克（120~150尾）。生态养鳝虽不需经常换水，但春秋季每隔7~10天应换水1次，夏季高温季节4~5天换水1次，每次换水量为1/3左右，以利水质肥而不腐，活而不淡。

2. 水泥池无土流水养鳝

与静水有土饲养法相比，水泥池无土流水养鳝法具有生长快，成本低，产量高，起捕方便等优点。建池选址在有常年流水的地方，若有自然微流水或有温流水更好，如水电厂发电后排出的冷却水，水温较高的溪水、地下水、大工厂排放的机器冷却水等，可通过调节控制水温，使黄鳝一直处在适温条件下生长。这样的饲养池最好建在室内，也有的建在室外。饲养池用水泥、砖砌成。饲养池建好后，将总排水口关好，灌满池水浸泡 1 周以上，再将水放干，然后将底下排水孔塞住。灌水 15 厘米深，保持各池中有微流水，将鳝种直接放入，每平方米 4 ~ 5 千克。这种饲养法，由于水质清新，饲料一定要充足。投饲时将饲料堆放在进水口处，黄鳝就会戏水争食。除饲养管理外，还要加强巡视，注意保证水流的畅通，特别防止溢水孔堵塞，要经常除掉残渣污物。

3. 网箱流水养鳝

由于黄鳝对水质要求较高，一般饲养方式，放养密度较低，因而直接制约其养殖产量和效益。利用网箱流水养鳝，增加放养密度具有很高的经济效益。网箱一般设置在流速较缓的河沟和湖口，有隐蔽地方更好，常年有流水。箱内放水葫芦、水浮萍，一般以覆盖水面 2/3 左右为宜。网箱流水养鳝，一般每平方米放养 50 ~ 60 克鳝种 4 ~ 5 千克，箱内配饵料台。日常管理中除了每天清理饵料台外，还要检查网箱是否有漏洞，防止鳝鱼逃逸。

4. 稻田养鳝

利用稻田养殖黄鳝，具有成本低，管理容易，既增产稻谷，又增产鱼，是农民增产致富的措施之一。一般稻田养殖每平方米产黄鳝 0.5 ~ 2.5 千克不等，可促使稻谷增产 6% ~ 25%。现将方法介绍如下。

(1) 稻田的整理　只要不干涸，不泛滥田块均可利用，面积以不超过 1 000 平方米为宜。水深保持在 10 厘米左右即可。稻田周围用水泥板围砌。如果是粗养，只需加高加宽田埂注意防逃即可。稻田沿田埂开一条围沟，田中挖"井"或"田"或"十"字形鱼溜。进、排水口要安好坚固的拦鱼设施，以防逃逸。

(2) 放养和管理　鳝种按 50 克左右 10 ~ 20 尾/米^2，25 克左右 30 ~ 40 尾/米^2 放养。放养时间是插秧后禾苗转青后。稻田养鳝管理要结合水稻生长的管理，采取"前期水田为主，多次晒田，后期干干湿湿灌溉法"。即前期生长稻田水深保持 10 厘米左右，开始晒田时，将鳝鱼引入溜凼中；晒完田后，注水并保持水深 10 厘米至水稻拔节孕穗之前，露田（轻微晒田）一次。从拔节孕穗期开始至乳熟期，保持水深 6 厘米，往后灌水和晒田交替进行到 10 月份。露田期间围沟和沟溜中水深约 15 厘米。养殖期间，要经常检查进、出水口，严防水口堵塞和黄鳝逃逸。

（3）**投饵及培养活饵**　稻田养鳝的投饵，与其他养殖方式有所不同。所投喂的饵料种类与一般养殖方式相同，投喂的方法不同，要求投到围沟或靠近进水口处的凼中。稻田还可就地收集和培养活饵料。如诱捕昆虫：用 30～40 瓦黑光灯，或日光灯引昆虫喂鱼。灯管两侧装配有宽 0.2 米玻璃各 1 块，一端距水面 2 厘米，另一端仰空45°角，虫蛾扑向黑光灯时，碰撞在玻璃上触昏后落水。沤肥育蛆：用塑料大盆 2～3 个，盛装人粪、熟猪血等，置于稻田中，会有苍蝇产卵，蛆长大后会爬出落入水中。水蚯蚓的培养：在野外沟凼内采集种源，在进、出水口挖浅水凼，池底要有腐殖泥，保持水深几厘米，定期撒布经发酵过的有机肥，水蚯蚓会大量繁殖。陆生蚯蚓培养：用有机肥料、木屑、炉渣与肥土拌匀，压紧成 35 厘米高的土堆，然后放良种蚯蚓大平 2 号或木地蚯蚓 1 000 条/米²。蚯蚓培养起来后，把它们推向四周，再在空白地上堆放新料，蚯蚓凭其敏感的嗅觉会爬到新饲料堆中去。如此反复进行，保持温度为 15～30℃，湿度为 30%～40% 就能获得大量蚯蚓喂鱼。

（4）**施肥**　基肥于平田前施入，按稻田常用量施农家肥，禾苗返青后至中耕前追施尿素和钾肥 1 次，每平方米田块用尿素 3 克，钾肥 7 克。抽穗开花前追施人畜粪 1 次，每平方米用基粪 1 千克。为避免禾苗疯长和烧苗，人畜粪的有形成分主要施于围沟靠田埂边及溜沟边，并使之与沟底淤泥混合。

5. 莲藕、鳝和鲢鱼、鳙鱼生态兼作

莲藕塘中有许多底栖动物、水生昆虫、小型软体动物、甲壳动物、浮游动物和低、高等水生植物，可利用空间实行立体种养殖。

（1）**池塘的改造**　池塘的改造参照前面的鳝池建造。只是池底淤泥比一般养鳝池要厚些，约 30～40 厘米，并在泥中掺拌一定的植物秸秆和猪牛鸡粪等。水深保持在 20～50 厘米。

（2）**放养及管理**　春季下藕种时应相应减少藕种量，一般 1 亩田下藕种 200～250 千克，规格在 30 尾/千克的鳝种每平方米放 1 千

克左右，搭养鲢鱼、鳙鱼规格每千克 10 ~ 15 尾，每平方米放 1 尾，在 6 月份前后补放夏花每平方米 10 尾左右。黄鳝光靠天然活饵不够，要投部分动物性饵料作为补充。鲢鱼、鳙鱼食浮游动物，定期向池塘中泼洒发酵的粪水，在 5—9 月份期间，每月泼洒 1 次，每次每亩用量为 50 ~ 100 千克。

第九节　加州鲈

加州鲈（图 5 - 12）由于其广温广盐性、生长速度快、养殖周期短等特点，是网箱和池塘养殖备受青睐的品种。

图 5 - 12　加州鲈

一、苗种培育

仔稚鱼可采用室内全人工培育，也可采用室外土池肥水生态培育。室内全人工培育以静水、微充气、定期换水过渡到常流水方式，仔鱼放养密度为 0.5 万 ~ 1 万尾/米³。依次投喂轮虫、卤虫无节幼体、桡足类及鱼糜等系列饵料。也可采用室外土池肥水生态培育。

二、池塘养鲈

1. 池塘条件与准备工作

池塘面积以 5 ~ 10 亩为宜，水深为 2 米以上，水源充足、水质无污染，有较好的进排水设施、交通方便。放养前需干池清淤、平整护坡，每亩用生石灰 50 ~ 70 千克消毒，保持池水为 10 ~ 20 厘米，浸浆泼洒。7 天后加水至 1 米深，为使水质保持良好状态，可一次按 5 千克/亩，两天后池水变为油绿色即可放养。

2. 鱼种暂养与放养

暂养方式以养殖池中架设 40 目网箱比较方便。每立方米水体暂养苗种 2 000～3 000 尾，用 1～2 毫克/升氯霉素泼洒消毒。前 10 天投喂卤虫幼体或海淡水枝角类、桡足类，而后投喂新鲜鱼糜。鱼种培养至 10 厘米左右，按 1.5 尾/米² 投入养成池中。

3. 养成管理

（1）投喂 饵料以低值杂鱼为主，辅以人工配料。鲈鱼抢食快，食量大，定时定量投喂很重要。投喂时要掌握鱼吃饱，又不浪费饵料。每次投喂先少投，引鱼上浮抢食时再加大投喂量，待鱼下沉不抢食时中止投喂，日投饵次数和投饵量视季节而异。鲈鱼快速生长的适温季节，日投饵 4～5 次，投饵量为鱼体重的 10%～30%，低温的早春、晚秋，日投饵 2～3 次，占鱼体重的 1%～10%。

（2）巡塘检查 早、晚巡塘观察，发现异常及时处理。巡塘观察内容包括鱼体活动情况，池塘水色、气味、透明度变化及池塘防逃设施和敌害情况等。

三、网箱养鲈

1. 养殖区条件

要求透风，保持水深 5 米以上，水流畅通，以 0.1 米/秒为宜，底质无障碍物，水质清新无污染，盐度变化幅度小。

2. 网箱结构形式

养加州鲈的网箱分为管架固定式和网体四角沉砂袋式。固定式是以金属管材做成略大于网箱的框架，把网箱扎其内定型；沉砂袋式是在网箱本体四角各吊一个 4 千克的砂袋，以固定网型。南方多以木板连制成合格的鱼排，用浮球浮于水面，以锚索定位，网箱挂在鱼排格中。北方以单网单浮体框架为多，各浮体网箱连接在定位浮绳上。网口大小通常为 3 米×3 米和 4 米×4 米，网深随养殖区的

水深而定，一般为4~6米，网目随鱼体大小而定，选用网目原则以破一目而不逃鱼为准，网目应小于鱼体高的1/2。

3. 鱼种放养

加州鲈当年养成商品鱼，其苗种应先暂养至10厘米以上再计数放入网箱。每立方米网箱水体放20~30尾为宜，具体放养密度还要根据鱼种规格、季节早晚、海区条件、饵料贮备及养殖技术因素确定。

4. 投饵

饵料为低值杂鱼，每次投喂应先少后多，待引鱼上浮抢食后再加大投饵量，日投饵量以吃饱不浪费为准，当鱼不抢食时应停止投喂。日投饵次数4~5次，早春、晚秋水温低时日投2~3次。

5. 日常管理

经常洗刷网衣，清除附着物，一般10~15天1次，必要时更换新网箱，勤查网箱、严防逃走漏。注意鱼情、水情及病害发生。

第十节　斑点叉尾鮰

斑点叉尾鮰（图5-13）原产于美洲，其肉质细嫩，味道鲜美，食肉率高，无肌间刺，具有营养价值高，生长快、个体大，抗病力、适应性强，杂食性等优点，是一种具有较高营养价值和经济价值的淡水名贵养殖品种。

图5-13　斑点叉尾鮰

一、苗种培育

1. 鱼苗培育技术

（1）池塘条件及准备面积　池塘面积一般不超过 1 500 平方米，要求池底平坦，淤泥深 5～10 厘米，水深为 1～1.5 米，进、排水方便，进水口设置 80 目筛网过滤。放苗前 15 天左右，每亩用 75～100 千克的生石灰带水彻底清塘消毒，杀灭病菌和敌害生物。

鱼苗下塘前 5～7 天注水 60 厘米左右，每亩施 150 千克左右经发酵腐熟的粪肥为基肥，下塘前需经 1%～2% 的生石灰消毒处理，防止带入病原菌或寄生虫。具体施肥时间应视天气、池塘本身的肥度等情况灵活掌握，并视水色情况适当追加无机肥。

（2）投苗　待出膜仔鱼上浮平游时便可以下池培育，放养密度视培育条件、管理水平和出池规格要求等具体情况灵活调整，一般每平方米可放养 150～200 尾，放养时温差不能超过 2℃。

（3）投喂　每天上、下午各泼洒 1 次黄豆浆，每亩用量为 2～2.5 千克黄豆磨成的豆浆或酵母粉，每天 10：30 左右补充投喂蛋黄 1 次，用量为每万尾 1 个蛋黄，也可以使用微囊开口饲料。视水体情况适时追肥，保持池水中有一定的浮游生物量，使鱼苗能得到适口、充足的天然食物。当鱼苗长至 2 厘米左右，可开始人工驯食，投喂微粒饲料或以成鳗等粉料制成软颗粒，也可以直接拌成团状料挂台投喂，待鱼苗摄食正常后，停止豆浆或酵母粉的使用，全部投喂人工配合饲料。经过 30 天左右的培育，鱼苗可达 4 厘米以上的鱼种规格，应及时进行分稀培育或出池销售。

（4）日常管理　每天早晚坚持巡塘，观察水色、鱼体摄食与活动等情况，发现问题及时采取应急措施。培育早期，一般采取每 2 天加注新水 1 次，每次 5～10 厘米，直到最高水位之后，可视水体情况定期加注新水；培育中期，随着鱼苗的生长、密度变大及人工配合饲料投喂的增加，水质容易变坏，可每 10 天左右换水 15 厘米左右，整个培育期间透明度保持在 25～35 厘米为宜；培育后期，可定期全池泼洒 15～20 毫克/升的生石灰，保持水质清新。

2. 大规格鱼种培育技术

（1）**苗种** 要求苗种体色纯正、规格整齐，鱼苗离水后（放入手掌中观察）活力强、入水时能迅速逃逸。由于斑点叉尾鮰苗种培育期间处于夏季高温季节，因此，其苗种起捕、运输或放苗必须采取适当的技术措施，防止引发多种病害。起捕或分选操作时，应选择早晚气温较低时进行，否则鱼体容易受伤死亡；运输应采取加冰降温处理，尽量避开高温时段，鱼苗放养前应进行调温、消毒处理，即避免温差超过 2℃，入池前用 10 克/升的食盐水浸泡 10 分钟左右。

（2）**池塘培育技术** ①培育条件。鱼种培育池面积 1 000 ~ 3 500 平方米为宜，面积太大不易管理，水深 1.5 米以上，要求池底平坦，淤泥厚 15 厘米以下；放苗前 15 天左右用生石灰等药物彻底清塘消毒，杀灭杂鱼、病虫害等有害生物，放苗前 5 天左右过滤加水 1 米左右。

②放苗与投喂。鱼苗规格 3 ~ 4 厘米时，每亩放苗密度为 2 万 ~ 3 万尾，具体以自身的培育条件、管理水平、出池规格要求等情况灵活掌握。投喂对虾饲料等颗粒饲料。投喂范围面积应大些且要均匀，以确保鱼苗均匀摄食，以免大小分化明显；投喂量按鱼体重的 5% ~ 10% 计算，每天投喂 1 ~ 3 次，具体应视天气、水温、鱼体摄食等具体情况灵活调整。

③日常管理。培育期间，高温期每星期换水 1 次，每次 10 ~ 15 厘米，一般情况下，10 天左右换水 1 次即可，冬季水温较低时，每月换水 1 次，且应选择晴天中午前后进行，每月定期用生石灰消毒 1 ~ 2 次，用量为 15 ~ 20 毫克/升。早、晚坚持巡塘，观察水色、鱼体摄食及活动等情况，适时开机增氧，防止发生"浮头"现象，保持溶解氧在 4 毫克/升以上。

（3）**网箱培育技术** ①网箱条件。采用双层结构，网箱布局以保证网箱具有较好的水流交换条件为原则；网箱规格可以因地制宜，以方便操作为准，不宜太大；内层网目大小以鱼体不会逃出为宜，外层在 1.5 厘米以上，配备盖网，防止鸟害等；苗种下箱前，应预先将网箱入水浸泡，可防止苗种下箱时因应激反应发生擦伤现象。

②培育密度。鱼种全长为 3 ~ 4 厘米时，放苗密度以 4 000 ~ 5 000 尾/米² 为宜；全长达 5 ~ 8 厘米，密度为 3 000 ~ 4 000 尾/米²；全长为 8 厘米以上时，放苗密度为 1 000 ~ 3 000 尾/米²，但应视具体情况灵活掌握。

③饲养管理。投饲方法参照池塘培育。坚持早晚巡视，观察鱼体摄食、活动等情况；经常清洗网衣，定期更换网箱，保持网箱水流交换畅通，防止堵塞缺氧，并随着鱼体的生长，及时更换相应较大网目的网箱。利用网箱操作方便的特性，培育期间，随着鱼体的长大，培育 30 天左右，应适时进行分选、分稀培育，既可以防止密度过大而影响鱼体摄食生长，又可以提高群体的生长速度，从而可以极大地提高网箱规模化培育的经济效益。

二、成鱼养殖技术

1. 池塘养殖技术

（1）**池塘条件**　养殖斑点叉尾鮰的池塘应选择在水源充足，进排水方便的场所建造。经验表明，斑点叉尾鮰正常生长要求的溶解氧为 3 毫克/升以上，溶解氧若大于 5 毫克/升时生长良好，溶解氧低于 5 毫克/升时生长缓慢，且饲料系数大，进、排水不方便的池塘需配备增氧机。池塘底质以壤土为好，养殖池塘水深 1.5 ~ 2 米。

（2）**放养准备**　①清淤消毒。池塘要先将池水放干，把池底过多的淤泥清除出塘外。每亩放生石灰 100 千克或 30 毫克/升浓度的漂白粉进行消毒，消毒后晒池两个星期，晒塘期间修好进、排水闸，以利养殖期内及时换水。

②肥塘。用 60 目筛绢网做成锥形网袋过滤进水，池水深 60 厘米，亩施有机肥 100 千克或化肥（尿素等）2 毫克/升浓度。逐渐加水到 1.5 米。如果投放 40 克/尾以上的大规格鱼种，亦可以不肥塘。晒塘后直接进水至 1.5 米，池水的 pH 值调至 6.5 ~ 8 即可投放鱼种。

（3）**苗种放养**　为缩短养殖周期，做到早放养、早上市，一般应在 3 月中旬以前，水温 10℃左右结束放养。池塘单养斑点叉尾鮰宜放养 20 ~ 30 尾/千克的大规格鱼种，一般每亩放养 800 ~ 1 000 尾。

鱼种选择要求规格一致、体表无伤、活力强。鱼种下塘前用5%的食盐水浸泡5～10分钟消毒。

(4) 饲料投喂 ①饲料的选择及投喂量。投喂的饲料要求新鲜、适口，放养初期饲料蛋白含量要求32%～36%，养殖中后期蛋白含量可降至30%～32%。一般应选择大型饲料厂生产的沉性或浮性颗粒饲料。饲料粒径、投喂量随着鱼体增重、天气、水温及时调整，一般在放养初期为鱼体重的3%～4%，鱼个体重大于300克后为2%以下。

鱼平均体重根据每月一次的测量情况而得，在每个投饲月内，每10天可根据鱼的吃食情况对投饲量进行调整，调整幅度为原投饲量的5%～10%。

②投喂方法。斑点叉尾鮰喜欢弱光摄食，故投喂时间最好选在日出后两小时及落日前两小时。斑点叉尾鮰有群聚特性，通过驯食，按"四定"方法（即定时、定点、定质、定量）进行投喂，以提高饲料利用率。

(5) 日常管理与防病 为避免养殖后期因池水过肥而形成"水华"，每亩池塘应搭配放养鲢90尾，鳙10尾。当水温达到30℃以上时，每5～7天应换水一次，每次换水量为池塘水量的1/4～1/3，先排后进，水源不便的池塘应定期启动增氧机，以保证池水中溶解氧的含量。定期泼洒生石灰，既可调节水质，又可起到一定的消毒作用。斑点叉尾鮰具有抗病力强的特点。只要管理好水质，一般不会发生疾病。养殖中后期，每半个月投喂药饵3～5天，药饵用大蒜素和维生素C拌和制成，不但可增强斑点叉尾鮰的抗病能力，还可促其生长。

(6) 收获 斑点叉尾鮰个体重在500～750克之间售价最好。当个体重达500克即可陆续起捕上市，一般用拉网捕捞。捕大留小。池底平坦的池塘一般第一网起捕率达70%以上，高者可达90%。捕前24小时应停止投喂。

2. 网箱养殖技术

(1) 水域条件 网箱养殖斑点叉尾鮰的水域应水质良好，水深

3 米以上，透明度 50 厘米以上，有一定的水流。流速低于 5 米/秒的河道或大中型湖泊，水库的湖湾、库汊处。

（2）**网箱制作与投放** 网箱养殖斑点叉尾鲴以小体积网箱为主，一般以每只网箱 10 平方米以下为好，网箱以正方形为主，用毛竹或木头作框架，无结节聚乙烯网片作箱体，网片网目大小根据放养鱼种的大小而定，以放养的最小规格鱼种的头前部不能钻出网片为准。网箱箱体一般高 1.1~1.2 米，做成封闭型，箱盖加遮光材料，并根据投喂的是沉性料或是浮性料而决定。投喂沉性料的网箱，在网箱底部及向上 20 厘米处，加缝一层 20 目的网片，防止饲料散失。并在网箱中间安装一根直径 10 厘米以上的投料管，投料管上部高出箱盖 20~30 厘米，下部距箱底 30 厘米左右；投喂浮性料的网箱，在网箱顶部中间安装一个 30 厘米×30 厘米投料口，投料口可用木板等制成，下部浸入水中 10 厘米左右，上部高出箱顶 20 厘米左右，并在网箱顶部及水面向下 20 厘米的部分加缝一层 20 目的网片，防止饲料散失。

网箱在鱼种放养前 15 天左右应提前浸泡在养殖水域。网箱排列应充分考虑水流、风浪等的影响，并要注意是否影响航行、泄洪、生产管理是否方便等。一般情况下，要保证每个网箱有一面是迎着水流或风浪的，每只网箱之间应有 2~3 米的间隔，每两排网箱之间应有 5 米左右的间隔，以保障水流畅通和生产操作的方便。

（3）**苗种放养** 由于网箱养殖区域的水质一般比较清瘦，故鱼种不宜太早放养。应在水温达到 10~15℃ 开始放养。网箱养殖斑点叉尾鲴宜放养 20~30 尾/千克的大规格鱼种，一般每立方米放养 300~400 尾。鱼种选择要求规格一致、体表无伤、活力强。鱼种下箱前用 5% 的食盐水浸泡 5~10 分钟消毒。

（4）**饲料投喂** ①饲料的选择及投喂量。网箱养殖斑点叉尾鲴对饲料的选择与池塘养殖相同，但由于养殖水域水质较池塘清瘦，故在投料量上应较池塘略高。

②投喂方法。网箱养殖斑点叉尾鲴较池塘养殖在饲料投喂方面麻烦一点，但由于养殖密度远比池塘高，一方面较易被养殖的斑点

叉尾鲴采食，另一方面也会因相互争抢而造成饲料的散失，加设投料管、投料口及在箱底和顶部加缝密网目网片就是为了防止饲料散失，同时，在每次饲料投喂时，要尽可能加快速度，增加箱内鱼类采食机会。采用沉性饲料的网箱，在投料时可在投料管上部套一个喇叭形装置，以加快投料速度。

（5）**日常管理与防病**　网箱养殖斑点叉尾鲴最重要的日常管理工作是清刷网箱和检查网箱是否有破损及根据鱼类生长情况及时更换网片。要每天在投料时注意观察网箱内鱼类的吃食、活动情况，定期清刷网箱，发现网片有破损及时修补，并可根据鱼类生长情况更换网片。此外，在汛期要及时关注台风、水位等的突然变化，防止网箱倾覆、破损而发生逃鱼。斑点叉尾鲴在网箱中养殖，有时病害会很严重，与池塘养殖一样，可在养殖中后期，每半个月投喂药饵 3～5 天，药饵用大蒜素和维生素 C 拌和制成。

（6）**收获**　网箱养殖斑点叉尾鲴，收获十分方便，但需要注意的是：同一个网箱的鱼最好同一批收获，防止因多次操作损伤鱼体引发病害。

第十一节　鲟鱼

鲟鱼（图 5－14）由于适应性、抗病力强，饲料转化率高，附加值大，逐渐受到越来越多养殖者的青睐。目前世界上已进行人工繁殖驯养的种类主要有俄罗斯鲟、闪光鲟、小体鲟、欧洲鲟、达氏鲟、中华鲟以及西伯利亚鲟、史氏鲟等 10 多个种类。比较成熟的养殖品种有三类：一类是从欧洲（主要是从俄罗斯）引进的欧洲鲟鱼，以俄罗斯鲟、西伯利亚鲟、闪光鲟为代表；另一类是我国自有的种类，以黑龙江流域出产的史氏鲟、达氏鲟－史氏鲟杂交种以及少量长江流域的中华鲟为代表；第三类是从美国引进的匙吻鲟。在以上三类鲟鱼中，从俄罗斯引进的各地欧洲鲟鱼最受我国各地水产养殖者的欢迎。

图 5 - 14 鲟鱼

　　各种鲟鱼在养殖方法，尤其是成鱼养殖方法上无大的区别，只是因品种不同，在幼鱼养殖过程中的饲料转化方面存在着难易程度的不同，至于生长速度的快慢，则主要取决于水质、水流、放养密度和饲料的优劣。按鲟鱼不同生长阶段所具有的特点，可简单总结如下。

一、幼鱼养殖

　　可采用室外水泥池，使用流水养殖。水泥池可以是圆形，也可以是正方形切去四角，这样池中的水流旋转无死角。池底应为锥底形，坡度为 1% ~ 2%，排水口设在锥底部，再通过可调节高度的管道排水。要保证洗刷水池时可以彻底排干池水。池规格在 9 平方米以内，深度为 1 米便可，池壁要光滑，以免刮伤鱼苗。水池上应设遮阴网。对于未开口的水花，水温应保持在 18 ~ 20℃，水深 0.6 米左右，溶解氧不低于 6 毫克/升，流速不超过 0.1 米/秒。放养密度初期为 1 万尾/米³。开口饵料可采用卤虫无节幼体、轮虫、小型枝角类

等，开口两天后可改喂剁碎的水蚯蚓和碎鱼虾。要少量多次投喂，最初10～12次/天，1周后可改为8次/天。鲟鱼喜弱光，灯光下摄食积极，故夜间必须投喂。随着鱼苗长大必须注意及时分池，这样可以减少幼鱼互噬的机会。

鱼苗长到8～10厘米后便可开始转喂人工配合饲料。可以采用逐渐增加配合饲料投喂次数，相应减少活饵投喂次数的办法，直至取消活饵投喂，此时要注意配合饲料的粒径必须适应鱼苗的口径。对于在此过程中生长停滞的鱼苗，应及时捞出再次投喂活饵，待体质恢复后再重新进行饲料转口。大苗适应性强，水温18～28℃均可，水深保持在0.8～1米。

二、成鱼养殖

1. 水泥池养殖

面积从100～400平方米均可，水深在1.5～2米之间，不必过深。流水养殖可高密度放养，15厘米或15克鱼苗可放养500尾/米³，随长随分池。投喂次数可减至4～6次/天，日投饵量为鱼体重的3%，随鱼生长逐渐降低到1%。对于无流水条件的水泥池，也可采用定期换水的办法。但放养密度应较流水养殖低一些，并应及时消除池底的残饵和排泄物。

2. 网箱养殖

鲟鱼可在水库中进行网箱养殖。采用双层网箱，在保证网箱内外水交换良好的基础上，侧网的孔径选用应考虑到鱼苗的逃逸问题，底部的网孔应小于饲料粒径。体长为15厘米或体重达15克鱼苗的放养密度可在200尾/米³，随长随分散。投饵次数和投饵率可参照水泥池流水养殖。

3. 池塘养殖

应放养较大规格鱼种，如30厘米或100克以上的鱼种。放养密度最初可在2 000尾/亩，随长随分塘，养成密度可在500尾/亩。投饵可采用三定法。日常管理方面，应密切注意溶解氧指标，采取增氧措施，还要注意防治寄生虫病害。

三、饲料

鲟鱼是口下位,故适于食用沉性颗粒饲料。饲料粒径因鱼个体大小而异。与一般淡水鱼相比,其对蛋白含量要求较高。苗种饲料中的粗蛋白含量应在50%以上,并适当增加鱼油含量。成鱼饲料中的粗蛋白含量也应保持在40%以上,并适量加入维生素等,保持营养均衡。我国南方地区也有使用鳗鱼饲料喂养鲟鱼者,但据反映长期投喂会使鲟鱼身体过于短胖,不利于进一步长大。

第十二节　胭脂鱼

胭脂鱼(图5-15)为我国二级野生保护动物,主要分布于长江上游。胭脂鱼模样奇特,尤其胭脂鱼幼鱼形体别致,色彩绚丽,并且幼鱼期游动缓慢而显文静,具较高的观赏价值,是世界上观赏鱼家族中的珍品之一。在生产上,它具有抗病力强、性情温和、食

图5-15　胭脂鱼

性广、生长快等优点，可作为池塘、水库、湖泊养殖的优良品种。

一、苗种培育

胭脂鱼的鱼苗以轮虫作为开口饵料，因此鱼苗开口之前 7 ~ 8 天应在消毒后的池塘里施肥培育好饵料生物。池塘里人工培育的轮虫既量多易得，又适口。也可用 80 目的筛绢做成捞网在较肥的池塘及湖泊中捞取浮游动物。不过在开口期鱼苗口裂尚小，吃不进较大的枝角类和桡足类，必须将捞回的浮游动物用 40 目左右的密网过滤后方可投喂。投喂时需保持水体中较大的食物密度，方便鱼苗摄食。一般一天投喂 2 ~ 3 次，投喂轮虫 1 周后，鱼苗即可摄食小型的枝角类及桡足类。

水蚯蚓也是胭脂鱼鱼苗喜食的食物，4 月份天气多变，池水水温忽高忽低，且多有寒潮，引起降水降温，有时很难获得轮虫和枝角类等浮游动物，水蚯蚓就成了不可多得的良好饲料。鱼苗在摄食的初期，无法吃下整条水蚯蚓，可以用捣碎机或打浆机将水蚯蚓打成糊状后投喂。7 ~ 8 天后只需用刀将其切碎即可。鱼苗长至 3 厘米左右时即可投喂整条的水蚯蚓了。投喂水蚯蚓应注意以下事项。首先，水蚯蚓多是从污水沟中捞取的，必须先在清水中漂洗 1 ~ 2 天，投喂之前用食盐水消毒处理，以防水蚯蚓带来大量病菌引起鱼苗生病死亡。其次，打成浆后的水蚯蚓易引起水质恶变，投喂后应适当加大水流量，而且即便是切碎的水蚯蚓，在池底也会聚集成团，鱼苗无法摄取，因此投喂时应尽量撒匀，每次投喂一段时间后应将池底的水蚯蚓团捞出，且每天至少要投喂 2 ~ 3 次。鱼苗培育期的放养密度应根据饲养条件及鱼苗规格而定。在暂养和鱼苗开口摄食初期，若培育池容积小，水体交换方便，易于排污，每平方米可放养 400 尾左右。若水体面积大，换水不便，密度应适当减小。当鱼苗长至 3 厘米左右时，密度应调整为每平方米放养 150 ~ 200 尾。

加强饲养管理对提高鱼苗的生长率和成活率非常重要。每天应仔细清理池底污物，用虹吸管将污物除尽，及时调节喷水量的大小。若水质变差，应将池水水位降低后，重新加水。换水时还应注意水温的调节，尽量避免水温变化过大。只要水温适宜，饲养管理得当，经过一个月左右的饲养，鱼苗生长至 3 厘米以上，成活率可达 90% 以上。

苗种培育期间的日常管理十分重要。主要是要做好水质的调节工作，胭脂鱼苗种培育期间，特别是培育后期水质不能太肥，太肥容易造成培育池溶氧量低、高 pH 值情况的出现，对鱼苗造成伤害，建议水体透明度保持在 40 厘米以上。此外，进水口应用密眼网设拦，严防小野杂鱼和鲤、鲫鱼种进入培育池，否则胭脂鱼种因在竞争中处于劣势，其成活率和生长率将大大下降。

二、成鱼养殖

胭脂鱼对水质要求也较高，一般不建议进行池塘精养，而应采取与其他鱼类混养的方法，作为搭配品种，如与长吻鮠、斑点叉尾鲴等混养，效果较好。

第十三节　乌鳢

乌鳢（图 5 - 16）是我国广泛分布的肉食性凶猛鱼类，肉质细嫩，味道鲜美，不但营养价值高，而且有去淤生津、滋补调养的药用功能，人们视其为美食珍品佳肴，是一种具较高经济价值的养殖对象。现将其养殖技术作一简单介绍。

图 5 - 16　乌鳢

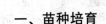

一、苗种培育

1. 池塘培育苗种

（1）池塘选择　苗种池宜小，面积以 0.5 ~ 1 亩、水深以 1 ~ 1.2 米为宜。鱼苗下池前 10 天，用生石灰消毒，并培肥水质。

（2）放苗密度　每亩放养 1 厘米乌鳢苗 5 万 ~ 8 万尾，放养应为相同规格的同批苗，个体大小均匀一致。

（3）培育管理　第一，鱼苗下池前应施足基肥，培肥水质。第二，注意鱼苗的发育变化。鱼苗下池时为群集生活，且身体为黑色，约 7 天从嘴部开始出现黄色，至第十五天左右全身变黄，即为"黄仔期"；鱼苗下池 20 ~ 25 天起，由黄色逐步变为墨绿色，并分散活动，即"散群期"；鱼苗下池一个月后由墨绿色还原成黑色，并出现鳞片，即"体成期"。这一变化过程，标志着乌鳢苗的摄食、消化等各类器官的形成，应逐步增加投饵施肥量，一般每 3 ~ 4 天，每亩追施粪肥 100 ~ 150 千克，并投喂大型浮游动物和剁碎的低值鱼肉、蝌蚪、小虾与粪蛆等。

（4）注意事项　一是要及时分池。鱼苗"体成期"后，每 15 天左右，根据生长情况适时拉网分池，将大小鱼苗分池饲养，以免大小悬殊而自相残食；二是要科学投饵。投喂饲料要新鲜，每天投饵 3 ~ 4 次，使鱼苗均匀摄食、整齐生长；三是要调节水质。根据池水情况经常加注新水，一般每 7 ~ 10 天加水 1 次，每次加水 3 ~ 5 厘米。

2. 池塘设置网箱培育苗种

（1）设置网箱的适宜池塘　设置育种网箱的池塘以面积 3 500 平方米以上、水深为 1.5 米、水系畅通、透明度为 20 ~ 25 厘米、pH 值为 7.5 左右为宜。

（2）网箱制作与设置　可选用 40 ~ 60 目丝织布缝制成 20 平方米左右的敞口式网箱，网高 2 米，分别用竹木作桩扎紧，用红砖作沉子，网箱入水深 1.5 米，设置在靠近池塘流水或增氧机处。

（3）放养密度　每平方米网箱可放养 1 厘米同规格的乌鳢鱼苗 2 000 尾左右。

（4）饲养管理　鱼苗入箱后，可取鲤、鲫鱼和螺蚌肉等作饲料，加入清洁水用捣碎机捣成浆，肉与水之比为1:2，并加入食盐50克，每日投喂3~4次。鱼苗"体成期"以前，每天每万尾投喂量（肉食）0.5千克，以后分别增加到0.75~1.5千克，并逐步由肉浆改喂剁碎的小鱼虾和蝇蛆等。

（5）注意事项　一是及时洗箱。鱼苗下箱后的15天，应每2天洗1次箱，以后3~4天洗1次；二是及时分箱。每10~15天分箱1次，将大小鱼苗分开饲养；三是保持网箱水体交换。一般每5天左右向池塘注水1次，有增氧机的应经常开机增氧。

二、成鱼养殖

1. 池塘条件

（1）主养（单养）池　其面积不宜过大，一般为1亩左右。要求池底淤泥较少；水深为1~1.5米，水源要充足，而且要呈中性或偏碱性，池塘水系配套，利于排灌；池内应种植一些水浮莲、水花生等水生植物，供乌鳢遮阴。在放养前用生石灰、漂白粉等进行消毒。为便于在生产过程中进行分级饲养，最好有2~3个池同时养殖。

（2）混养（套养）池　池塘面积大小均可，但只能在成鱼池或亲鱼池中进行。

2. 鱼种放养

（1）放养时间　一般在3—6月份投放。放养时原则上要比其他鱼苗推迟25~30天，因为其生长速度比鲤、鲫等鱼要快，与鲢、鳙差不多，其规格应比放养的家鱼小一半以上。

（2）放养规格　鱼种在放养前，一定要通过筛选，选择规格一致的投放，否则乌鳢会自相吞食。套养时，一般为5~7厘米左右，大了容易伤害其他鱼苗，过小则觅食能力差，容易死亡。

（3）放养密度　要根据水质、水域条件和水生动物资源状况而定。主养（单养池）10~15厘米的鱼种，每平方米放养3~5尾；3~5厘米的鱼种，每平方米5~10尾。投放密度不宜过大。混养（套养）池不论是精养鱼池还是粗养鱼池，以每亩投放 25～40 尾为宜。数量太少达不到增加效益的目的，若数量太多，会影响其他鱼类的生长。

3. 饲料投喂

（1）单养（主养） 主养乌鳢成功的关键在于饲料的充分投喂。其饲料来源，一方面利用天然饲料，如野杂鱼、动物的废弃内脏、蝌蚪等，或池中放养鲤、鲫，让其繁殖鱼苗供乌鳢食用。另一方面，使用人工配合饲料，粗蛋白含量必须达到 40% 以上。

日投喂量一般为乌鳢体重的 5% 左右。投喂配合饲料必须先通过驯食，使其逐步养成摄食配合饲料的习惯。在其已基本适应后，不可中途混合投入鲜活鱼虾饲料。投配合饲料时，应把饲料放在食台或竹箩内吊入池中供乌鳢摄食，减少浪费。

（2）混养（套养） 在家鱼塘中混养适当数量的乌鳢，增加了放养种类，能利用它吃掉池塘中的小杂鱼、病弱鱼、小虾和水生小动物，减少饲料和溶解氧的消耗，达到提高鱼池产量，增加经济效益的目的。一般情况下，不专门为乌鳢投饵。若天然饲料不足时，可放养一些性成熟的鲤、鲫等，使其产卵繁殖或直接投放家鱼夏花，以弥补饲料鱼的不足。

4. 水质管理

在养殖过程中必须定期加注新水。一般每 10～20 天加注一次新水，每次注入量为 20～30 厘米，水一般应从池顶离池壁 30 厘米处注入。在夏天，每 5～7 天应换一次水。若能常保微流水则更佳。

5. 筛选

在放养后要定期筛选，一般在 3 个月内，每月进行 1 次，将不同规格分养于不同池塘内，并随着鱼体长大而降低养殖密度，最后的放养密度为每平方米 3～4 尾。

第十四节　中华绒螯蟹

中华绒螯蟹（图 5 – 17）又名河蟹，属名贵淡水产品，味道鲜美，营养丰富，具有很高的经济价值，是我国蟹类中产量最高的淡水蟹。20 世纪 70 年代初我国水产工作者在沿海河蟹苗资源调查的基础上开始了人工繁殖研究，经过十余年的努力，先后解决了亲蟹饲养运输、交配产卵、越冬孵化、幼体培育和蟹苗暂养等一系列技术问题。浙江水产研究所首先利用海水人工繁育蟹苗成功。接着安徽省滁县水产研究所利用人工半咸水人工繁殖蟹苗成功，从而结束了我国自古养蟹靠捕捞天然蟹苗的历史，为我国各地尤其是内陆地区进行河蟹的繁育、养殖开辟了广阔前景。

图 5 –17　中华绒螯蟹

一、扣蟹生态培育技术

河蟹土池生态育苗，由于其蟹苗质量比温室育苗好，加上生态苗的出苗时间比温室苗晚，其 1 龄蟹的早熟率较低，已逐渐取代温室育苗，成为我国河蟹苗的主要培育方式。

1. 生态育苗池的水质调控

在河蟹育苗过程中，水质调控是最为重要的因素。首先要求池塘淤泥不能过多，否则后期极易导致水质恶化，有害菌及聚缩虫等大量孳生，危害河蟹幼体；或因淤泥的耗氧量大而导致夜间和阴雨天幼体缺氧浮头甚至死亡。特别在后期变态过程中，由于幼体个体大，变态时大部分沉于池底，而育苗池又采用水车式增氧机，育苗后期池塘水加深，致使池塘底部溶解氧缺乏，幼体窒息而死。

水质调控应该遵循"先肥后清"的原则，前期适当地肥水可以为幼体提供藻类等天然饵料，从而提高幼体成活率；后期主要投喂在池塘培养的轮虫，从而保证育苗过程中水体均具有较高的透明度，可以避免水质恶化和缺氧，同样也可以取得较好的育苗效果。

此外，育苗过程中应尽量避免水体理化因子的剧烈变化，遇到暴雨天气，尽量加深水位，或保证池塘有较深的沟涵，以保持池塘底部和沟涵底部温度、盐度的相对稳定。上池生态育苗用水多采用一次性进水，育苗期间不换水，放苗前对池水进行一次性消毒处理，育苗用水的净化分两个方面：水的过滤和药物消毒。

2. 饵料的培养与投喂

加强饵料的培养和投喂，及时提供足量、优质的适口饵料是河蟹生态育苗的核心问题。河蟹生态育苗的饵料主要是活体轮虫，一般需要建立专门的轮虫培育池进行土池大面积培养。轮虫的投喂量要根据水体的肥度，即水体中基础饵料生物的存量、蟹苗的摄食强度及蟹苗的放养密度灵活掌握。具体方法有：①如苗种池中的浮游植物以金藻或浮游硅藻为主（水体透明度低于 50 厘米），且生物量较大，此阶段不投喂，蟹苗也可在 5 天内顺利变态；②如果苗种池水体中的浮游植物量少（水体透明度高于 60 厘米）或浮游植物的组成不好，在排幼前 1 天或当天按 1 000 个/升密度接种投喂轮虫，维持量不低于 3 000 个/升，到育苗后期要增加投喂量；如轮虫紧缺则可适当补充一些冷冻的桡足类或卤虫无节幼体等。如果能够投喂一些活体卤虫无节幼体，则对大眼幼体期的蟹苗顺利变态及水质调控都能起到很好的作用。如果大眼幼体期以前鲜活轮虫为主食，一般情况下，1 亩育苗池必须备有 3 ~ 5 亩的轮虫培育池。由于生态育苗主要投喂池塘生产的生物饵料，如活体轮虫、桡足类等，营养比较高，能够基本满足河蟹幼体发育的需要，所以培育出的大眼幼体质量比较好。

3. 敌害防治

桡足类、多毛类、原生动物和摇蚊幼虫是土池生态育苗中常见的敌害生物，它们不仅与溞状幼体争夺空间和饵料，部分种类还可以直接摄食河蟹幼体（如：桡足类密度过高可直接摄食幼体）。这些敌害生物的出现往往会严重影响幼体的存活和变态，甚至会导致育苗失败。

水质过肥、水体老化或者底泥较多的池塘中容易出现较多的原生动物（如聚缩虫、钟虫和桥毛虫等），这些原生动物的大量存在也会影响河蟹幼体的变态和成活，严重时幼体体表可见大量聚缩虫和钟虫，背刺发红或者断裂。一旦发现幼体体表出现大量原生动物，需要加强换水，采用 0.5 ~ 1 毫克/升茶粕或者 0.5 ~ 1 毫克/升的硫酸锌全池泼洒。如果用药浓度较大，用后 24 天内需要换水 30% ~ 50%。此外，使用无机肥肥水和清除淤泥，可以减少土池中原生动物的数量，因此，要尽量少用鸡粪等有机肥料肥水。

二、成蟹养殖

成蟹养殖是指将幼蟹养成商品蟹的过程。目前我国的河蟹人工养殖发展较快，技术趋于成熟。近年来逐渐发展出了池塘养蟹（高淳模式）、湖泊养蟹（宿松模式）、稻田养蟹（盘山模式）、河沟养蟹（当涂模式）等模式。

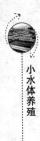

（一）池塘养殖

1. 池塘条件

养蟹池塘的面积要比成鱼池塘大，以 10 ~ 30 亩为佳。要求水源充沛，水质良好，进、排水方便，池埂坡度大，池底平坦，淤泥少，水深为 1.5 ~ 1.8 米。防逃设施同"1 龄蟹种培育池"。为保护水草资源，可采用"围蟹种草"技术，方法是用网片在池塘内围出一个蟹种暂养池，面积为 2 ~ 4 亩。

2. 放养前准备

（1）池塘清整 10 月份以后，将池塘中的河蟹捕捞上市或转入商品蟹暂养池，对原有池塘进行干池清整，挖除过多的淤泥（保持淤泥厚 10 厘米，便于种植水草），每亩用 150 ~ 200 千克生石灰化水全池泼洒进行消毒。

（2）水草移栽 清塘消毒后 10 天左右可移栽水草，主要为沉水植物，种类有伊乐藻、轮叶黑藻、金鱼藻、苦草等。通常在池内移栽伊乐藻，池外移栽轮叶黑藻，其面积占该移栽区的 2/3。栽培方法同"1 龄蟹种培育池"。

（3）水质培肥 蟹种放养前 10 ~ 20 天，每亩水面施腐熟的有机肥 150 ~ 200 千克，以培肥水质，使水体的透明度保持在 40 ~ 50 厘米。采取此项措施不仅可以为蟹种提供天然饵料，而且能防止池水过清而导致丝状藻类（俗称"青泥苔"）丛生。

3. 蟹种放养

要求蟹种规格均匀、体质健壮、活动敏捷、附肢完整、足爪无损（包括爪尖无磨损）、色泽光洁，无附着物、无病害，性腺未发育成熟。体重以 5 ~ 12 克/只、80 ~ 200 只/千克为宜。将蟹种放入水中浸泡 2 ~ 3 分钟，冲去泡沫，然后从水中提出放置片刻，再浸 2 分钟后提出。如此重复 3 次，待蟹种吸足水后，用 3% ~ 5% 的食盐水或 10 ~ 20 毫克/升的高锰酸钾溶液浸浴 30 分钟左右进行消毒。

4. 放养原则

（1）不要与同河蟹争食或残食的鱼类混养 凡是会与河蟹发生

食物竞争、或能残食主养对象的鱼类一律不能混养。例如：蟹池内禁放草食性鱼类（草鱼、团头鲂）；混养青虾的蟹池内禁放鳜鱼。

（2）配养的鱼应该是有利于主养对象生长的品种　例如：混养虾、鲢、鳙；混养鳜、鲫、鲢、鳙；混养虾、细鳞斜颌鲴、江黄颡（或黄颡鱼）等。特别是细鳞斜颌鲴，它是腐屑食物链鱼类（主要以有机碎屑、腐泥和着生藻类为食），对水草多的养殖水体的水质改良有积极作用，常被人称为"环保鱼"。蟹池内应放养温和型肉食性鱼类，如鳜鱼、黄颡鱼等。

5. 活饵料培育

清明前后，每亩水面投放活螺蛳 250~300 千克，使其在池内繁育生长，以净化水质，并为河蟹提供适口活性饵料。如混养鳜鱼，则需在 6 月上旬放养 5~7 厘米的夏花鱼种，放养量为 5~20 尾/亩，与此同时搭养异育银鲫夏花鱼种 800 尾/亩或在 3 月底放鲫鱼亲鱼 5~10 组/亩，雌雄比例为 1:3，待水温回升后让其自然繁殖，为鳜鱼种下塘后提供适口饵料。

6. 饲养管理

（1）饲料投喂　河蟹的植物性饵料以南瓜、甘薯、黄玉米、小麦等为主；水草以伊乐藻、轮叶黑藻、金鱼藻为佳；聚草、狐尾藻河蟹不食；动物性饵料以螺蛳、河蚌、野杂鱼为好，且必须保持鲜活、适口。不投腐烂变质饲料。颗粒饲料必须添加黏合剂，以增加它在水中的稳定性，并保持饲料中的蛋白质含量在 32% 左右。此外，必须添加磷脂、胆碱、蜕壳素和黏合剂。河蟹不适应 30℃ 以上的高温，高温季节新陈代谢快，摄食量大，如果饵料中蛋白质含量高，容易引起营养过剩，反而促进性腺细胞发育，使成熟蜕壳提前，导致性早熟。为此，整个养殖季节宜采用"精、粗、荤"投饵方式。前期（3—6 月），饵料要精（饵料鱼 + 精饲料），投饵量为蟹体总重的 1%~3%；要求蜕壳 3 次；中期（7—8 月），饵料要粗（青饲料 + 少量精饲料），投饵量为蟹体总重的 5% 左右，要求蜕壳 1 次；后期（8 月底以后），以动物性饵料为主（所占比例不低于投饵量的 60%），投饵量为蟹体总重的 5%，要求蜕壳 1 次。

（2）水质调节 河蟹对水质要求很高，水质要"活、嫩、爽"。养殖期间池水的溶氧量要在 5 毫克/升以上，pH 值保持在 7~8.5 之间，水体透明度以 50~80 厘米为宜。调节水质的方法一是注换新水，二是施用生石灰，三是泼洒生物菌类。在施用生物菌的前后半个月内不宜使用杀菌剂等药物，施用生物菌后不宜频繁换水，以保持有益菌的浓度。青虾、鳜鱼不耐低氧，可根据大气情况，及时开启增氧机，防止泛池死亡。

（3）水草割茬 高温季节，如水草长得过于茂盛，要加深池水，另一方面要及时割去过长的水草，保持水草距水面 30 厘米，防止水温过高灼伤水草，造成水草死亡腐败水质，引起鱼、虾、蟹病害的发生。

（4）病害预防 坚持以防为主。高温季节消毒水体时最好不要使用氯制剂，因它刺激性大，应激性强，容易导致河蟹大量死亡。可以使用一些溴制剂、碘制剂。

7. 起捕上市

秋末河蟹有洄游习性，一般 10—11 月份是河蟹起捕的最佳时机，可采用地笼等渔具捕捞。年底干塘时，将鱼、虾、蟹一并捕起，达到上市规格的鱼类，应及时鲜活上市；规格较小者，并塘围养越冬，来年作鱼种继续饲养。

（二）稻田养蟹

利用稻田饲养成蟹，一水两用、一田双收，成效极为显著。成绩最突出的是辽宁盘锦的"稻田种养新技术"，其特色是采用大垄双行技术，水稻栽插，"一行不少，一穴不缺"（2 万穴/亩），利用水稻的边际效应，使水稻增产 5%~15%。其中水稻亩产量 650 千克，而且产品是"有机稻"，每千克售价提高 0.3 元，水稻净收入由 600 元/亩提高到 800 元/亩，加上商品蟹的净收入 300~800 元/亩，合计收入为 1 100~1 600 元/亩。因此，稻田种养新技术是"水稻 + 水产"结合，从单一的增加经济效益到产生社会效益，而且又可以延伸出生态效益，真可谓"1 + 1 = 3"。不仅改变了种植业的经济结构，而且稳定了农民种粮的积极性，对于保障农村商品粮基地建设具有重大意义。

1. 养蟹稻田的选择

选择水源充足，排灌方便，水质无污染，且符合渔业水质标准、交通便利、保水力强的田块，田埂尤其不能漏水。一般可选择中低产稻田养蟹，这样增产增效更加明显。

2. 田间工程

田间工程包括开挖暂养池、蟹沟，加固堤埂和防逃设施。暂养池又称蟹溜，主要用来暂养蟹种和收获商品蟹。有条件的可利用田头的自然沟、塘代替，面积为 100~200 米²，水深为 1.5 米左右。环沟一般开挖在稻田的四周离田埂 1 米左右的地方，沟宽 1 米，沟底宽 0.5 米，沟深 0.6 米。沟、溜水面占稻田总面积的 5%~10%。进、排水口呈对角设置。进、排水使用管道较好，水管两头都要用网包好，网中间更换两次，网眼大小根据河蟹个体大小确定。堤埂加固夯实，高度不低于 50 厘米，顶宽不应小于 50 厘米。防逃设施同"1 龄蟹种培育池"。

3. 暂养池移栽水草

暂养池加水后用生石灰彻底清池消毒。在插秧之前 1~2 个月先移栽水草，以利于蟹种的栖息、隐蔽、生长和蜕壳，通常以移栽伊乐藻为佳。暂养池内及早栽草是提高蟹种成活率的关键措施。

4. 水稻的栽插

在稻田栽插秧苗前 10~15 天进水泡田，进水前每亩施 130~150 千克腐熟的农家肥和 10 千克过磷酸钙作基肥。进水后整田耙地，将基肥翻压在田泥中，最好使之分布在离地表面 5~8 厘米左右的土层中。水稻要选择生长期长，分蘖力强，丰产性能好，耐肥抗倒，抗病虫，耐淹，叶片直立，株型紧凑的良种。如龙盘系列、"294"、"丰杂"。采用"大垄双行、边行加密"技术栽插秧苗。以长 28 米、宽 23.8 米的一亩稻田为例，常规插秧以 30 厘米为一垄，两垄 60 厘米。大垄双行两垄分别间隔 20 厘米和 40 厘米，两垄间隔也是 60 厘米，为弥补边沟占地所减少的垄数和穴数，在距边沟 1.2 米内，40 厘米中间加一行，20 厘米寸垄边行插双穴。一般每亩约插 2 万穴，每穴 3 ~ 5 株。

5. 蟹种放养

通常每亩放养规格为 150 只/千克的蟹种 500 ~ 600 只。蟹种先在稻田暂养池内暂养，密度不超过3 000只/亩。强化饲养管理，待秧苗栽插成活后再加深田水，让蟹种进入稻田生长。蟹种的消毒同"池塘养蟹"。

6. 科学投饵

蟹池投饵要"定季节、定时、定点、定量、定质"。

(1) 定季节 在养殖前期，饵料品种一般以优质全价配合饲料为主；养殖中期，饵料应以植物性饵料为主，如黄豆、豆粕、水草等，搭配少量颗粒饲料，适当补充动物性饵料，做到荤素搭配、青精结合；养殖后期，是育肥阶段，应多投喂动物性饲料或优质颗粒饲料，其比例至少占50%。

(2) 定时 河蟹的摄食强度随季节、水温的变化而变化。在春夏两季水温上升到15℃以上时，摄食能力增强，每天投喂 1 次。水温在15℃以下时，活动、摄食减少，可隔日或数日投喂 1 次。河蟹有昼伏夜出的习性，故投饵应在傍晚前后进行。

(3) 定点 使河蟹养成定点吃食的习惯，既可节省饲料，又可观察其吃食、活动等情况。一般每亩设约 5 个投饵点。

(4) 定质 稻田养蟹要坚持精、青、粗饲料合理搭配。精料为玉米、麦粒、豆粕和颗粒饲料，前者必须充分浸泡，而颗粒饲料则要求蛋白质含量在32%以上，并含有 1% 的蜕壳素，饲料在水中的稳定性需在 4 小时以上。青饲料主要是河蟹喜食的水草、瓜类等。动物性饲料为小鱼虾、螺蚌肉、动物内脏、下脚料。为防止动物性饲料变质，有利于消化吸收，必须将其煮熟。

(5) 定量 一般每天投喂 1 ~ 2 次，动物性饵料占蟹体总重的3% ~ 5%；植物性饲料占蟹体总重的5% ~ 10%，每次投饵前检查上次残饵，灵活掌握投饵量。

7. 水质调控

稻田养蟹，水位较浅，要保持水质清新，溶解氧充足，就要坚持勤换水。水位过浅时要适时加水，水质过浓时应更换新水。正常情况下，水深保持在 5 ~ 10 厘米即可。注意换水时温差不要过大，一般宜在 10：00—11：00，待河水与稻田水温接近时进行。换水次数，4—6 月份每周 1 次，换水量为 1/5；7—8 月份每周 2 ~ 3 次，每次换水量为 1/3；9 月份后每 5 ~ 10 天换 1 次，每次换水量为 1/4。调节水质的另一个有效办法是定期施生石灰，一般每半月施 1 次，每亩用量 15 千克左右，注意施用面积按蟹沟、暂养池等的面积来计算。定期施生石灰，既可调节池水的 pH 值，改良水质，又可增加池水中钙的含量。

8. 收割与起捕

（1）水稻收割　收割水稻时，为防止伤害河蟹，可先行多次进、排水使河蟹集中到蟹沟、暂养池中，然后再收割。

（2）河蟹的起捕　①利用河蟹夜晚上田埂、趋光的习性进行捕捞；②利用地笼等渔具捕捞；③放干蟹沟中的水捕捞，然后再冲新水，待捕剩的蟹出来时再放水。采用多种方法捕捞，河蟹的起捕率可达 95% 以上。

第十五节　南美白对虾

南美白对虾（图 5 - 18）抗病能力强、适应范围广，海水、淡水都可养殖，是一种较为理想的养殖对象，是迄今为止世界养殖产量最高的三种优良虾种之一。

一、苗种培育

健康种苗培育技术是培育高质量对虾苗的保证，只有健康的种苗经过养殖才能使养殖户获得较好的经济效益。现就南美白对虾健康种苗生产的几个技术性关键环节总结如下。

1. 准备工作

（1）育苗池的配置和处理　育苗池为室外长方形水泥池结构，

图5-18　南美白对虾

池顶用帆布遮盖，并配备有电力、加温、增氧、进水和排水等设备。育苗生产前，育苗池需要进行消毒处理，主要分四步：第一步先将育苗池注满水，用20毫克/升草酸浸泡20天左右；第二步用洗衣粉和浓度稀释到10%的盐酸将池壁、池底、加温设备和增氧设备等清洗干净，再用清水冲洗；第三步用50毫克/升高锰酸钾对整个育苗池进行彻底消毒处理，一般消毒时间为15～20分钟；第四步，若发现有高锰酸钾残留时，用草酸清洗，再用清水冲洗干净。进行上述操作后，育苗池即可投入使用。

（2）**育苗用水预处理**　对生产育苗水体必须进行消毒处理，控制和消灭病原体。随着养殖环境的日益恶化，海区水体的病毒、细菌也随之增加，严重地影响了对虾育苗。因此对海水进行消毒处理是保证对虾育苗成功的有效措施之一。主要做法：将从海区抽取的海水进入蓄水池进行沉淀，24小时后，经沙滤池过滤的海水再经80～120目的尼龙筛绢网过滤后入池。然后，对育苗用水进行消毒，可以直接通入氯气，也可加入次氯酸钠、漂白粉或漂白精，使水中有效氯含量达15～20毫克/升，12小时后再加入硫代硫酸钠，以除去过量的氯气。育苗用水通过二级沙滤池后直接进入育苗池。

2. 幼体培育

（1）**虾苗培育的技术路线**　经检测不携带对虾白斑综合征病毒（WSSV）、TSV病毒的南美白对虾亲虾→孵化→幼体→实施定期检测，以防止水平传播→淘汰不合格幼体，选择合格幼体进入育苗池培育→选用优质饲料、清新水质、合理用药→糠虾期→针对WSSV、TSV病毒进行PCR检测，淘汰掉不合格幼体→优质饲料、丰年虫活饵→仔虾→针对特定病原进行抽检，检测虾体活力，对照企业标准以淘汰不合格幼体→出售合格虾种。

（2）**合格虾苗的标准**　虾苗体长不小于0.8厘米，体表光滑且无附着物，活力强而逆微流水，附肢齐全，体态呈长身、健壮、丰满，个体间的均匀度差异不明显，体色正常为透明状，检测WSSV、TSV呈阴性。

（3）**幼体的选择和放养**　用于生产的亲虾经检测均为SPF亲虾（即经过检测不携带WSSV、TSV病毒），且在生产过程中经常加以抽检，基本可排除上述两种病毒的垂直传播，但在幼体放养时还应对一部分幼体进行检测，经检测不携带病毒后再继续培养。幼体投放前，用含有效碘3～5毫克/升碘制剂浸泡30秒左右，并用清新育苗用水冲洗后放入育苗池中，放养密度为15万～20万尾/米³。

（4）**管理**　为保障幼体的营养需求，应投喂健康的营养饲料。溞状期以植物性饲料为主，育苗水体中骨条藻（另池培育后加入）投入10万～15万个/毫升，虾片等人工辅助饲料通过250目网衣揉搓过滤后投喂；糠虾期以人工饲料为主，投喂时使用150目网衣过滤，并适当投喂藻类、丰年虫（卤虫）或轮虫；仔虾期以投喂人工饲料和丰年虫为主，人工饲料需要通过100目网衣过滤。投喂量可以依据幼体的放养密度、水色变化、幼体摄食情况等灵活掌握。

水温应控制在29.5～31.5℃渐变范围内，反对高温育苗。一般在溞状期的早、中期控制在30～30.5℃，晚期渐变到31℃；糠虾期渐变到31.5℃；仔虾期水温逐渐降低，可根据需要调节到养殖场需要的水温。

充气是高密度育苗的必需条件，其积极意义在于：一是能够保证水体中充足的溶解氧含量；二是可以使池水对流而充分混合，以保证幼体和饲料的均匀分布；三是可以使幼体在上浮游动时减少能量的消耗，有利于其变态发育；四是水体对流可使加热升温均匀。充气量的调节主要根据苗种各期大小、摄食能力强弱、饲料投喂多少等因素从幼体到仔虾逐渐增大，水面由微波状渐变为沸腾状。

（5）生长检测　在糠虾Ⅲ期和仔虾出池前随机抽查，利用基因体外扩增（PCR）技术对特定病毒 WSSV、TSV 进行检测，发现有携带病毒的幼体即用有效氯 5～10 毫克/升严格处理后剔除，确定没有携带病毒的幼体出售给养殖场家。

（6）病害防治　在生产中始终贯彻"以防为主，防治结合"的方针，定期选用效果好、无药残、较环保的渔用药物进行预防，如络合碘制剂、生物制剂等，以抑制细菌、真菌的生长，保持池水有益生态系统的稳定，同时，在饲料中添加各种维生素和免疫多糖等，以增强虾苗体质，保持活力，健康生长。

二、成虾养殖

1. 放养前的准备工作

（1）虾池　虾池建设必须兼顾经济、实用、安全和操作方便等因素。南美白对虾养殖池面积　般为 10～15 亩，长方形，池深为 2.5～3 米，砂质底，用加厚塑料薄膜铺池底防渗，并在薄膜上加盖约 30 厘米细砂压固和营造虾生长的底栖环境，配增氧机 0.75 千瓦/亩。增氧机除了保证虾塘有充足的溶氧量以及施肥、施药后可搅拌均匀的作用外，还能使池水以一定的流速形成环流而使污物集中在池的中央，尽可能多的为虾生长创造洁净的栖息场所。放苗前 15 天左右用生石灰 50～70 千克/亩或漂白粉 8 千克/亩消毒虾池。

（2）水质条件　水质是直接影响对虾成活率、生长速度和产量的原因。确定水质的优劣，可用"一触、二尝、三闻、四观"法。即用手指捻水，滑腻感强的不是好水；口尝苦涩不堪的不是好水，鼻闻有腥臭味的不是好水，咸而无异味的是好水。眼观水中浮游生物种类组成缺乏，水色异常（发红、变暗），泡沫量大且带杂色的不是好水。正常海水的泡沫为白色，泡沫量越大，表示海水富营养化越严重。

饲养南美白对虾的优质水，要求水质清新、无污染、溶氧量在5毫克/升以上，pH值为7～8.5，透明度为35～60厘米，氨氮低于0.2毫克/升。

（3）生物饵料培养 清塘后至放苗前10天左右，进水50厘米，施有机肥和化肥培养基础饵料生物，施化肥为尿素3千克/亩、过磷酸钙0.5千克/亩，使水色呈黄绿色或茶褐色，池水透明度为25～40厘米左右，pH值为8左右、施肥量要根据虾塘底质的肥瘦来灵活掌握。总之，在虾苗入池前要培养足够的基础饵料生物。因为基础饵料生物适口性好、营养全面，是任何人工饵料所不能替代的。基础饵料生物是提高虾苗成活率、增强虾苗体质和加速虾苗生长的最重要的物质基础。同时饵料生物特别是浮游植物对净化水质，吸收水中氨氮和硫化氢等有害物质，减少虾病危害，稳定水质起到重要作用。

2. 合理放苗

（1）放养健康优质的虾苗 南美白对虾放苗规格一般为0.8～1厘米，选择苗种时要挑选健壮活泼、体节细长、大小均匀、体表干净、肌肉充实、肠道饱满、对外界刺激反应灵敏、游泳时有明显的方向性（不打圈游动）、躯体透明度大（肌肉不混浊）、全身无病灶（附肢完整、大触鞭不发红、鳃不变黑）的苗。最有效的办法是使用抗离水试验：从育苗池随机捞取若干尾虾苗，用拧干的湿毛巾将它们包埋起来，10分钟后取出放回池中，如虾苗存活则是优质苗，否则是劣质苗。

（2）合理的放苗时间 南美白对虾最适生长水温为25～30℃，在此水温范围内放虾苗养殖，生长速度快，摄食量大，体质健壮，抗病力强。如生活在水温偏低的环境中则摄食量小，体质弱，生长慢，从而养殖成活率低。因此放苗时水温不能低于16℃，温差不能大于3℃。南美白对虾在我国南方4—5月份放苗较合适，北方6—7月份放苗较合适。

（3）合理的放养密度　合理的养殖密度是养殖获得高产的保证之一。高密度养殖的虾塘放苗密度可适当加大，一般每亩放苗 7 万~8 万尾，条件好的虾塘可增至每亩 12 万尾。

3. 养成管理

（1）饵料的选择　高精养殖的南美白对虾饲养以使用人工配合饲料为主，不宜投喂冰鲜饵料，因为南美白对虾养殖水温高，冰鲜饵料在水中易变质，且浸出物较多，对水质污染严重。饲料的颗粒大小也应该根据虾的不同生长阶段来选择，颗粒过小或过大均会造成不必要的浪费，在养殖前期应使用 0.05~0.5 毫米的饲料，养殖中期应使用 0.5~1.5 毫米的饲料，养殖后期应使用 1.5~2 毫米的饲料。

（2）投饵方法　高精养殖的南美白对虾由于密度大，必须在放苗的当天或第二天开始投喂，否则会抑制后期的生长。投饵时应该做到：少量多次，勤投少喂；腐败变质的饵料不喂；傍晚后和清晨前多喂，中午烈日高照时少喂；投饵 1.5 小时后，虾空胃率高时（30% 以上）应适当多喂；水温太低（低于 15℃）或太高（高于 32℃）时少喂；天气恶劣时少喂；对虾大量蜕皮时少喂，第二天多喂；池内竞食生物多时少喂；水质好时多喂，水质不好时少喂；对虾出现浮头时少喂或不喂。

（3）池塘管理　池塘内要定期使用水质消毒剂和投放有益菌种，主要有消毒王、沸石粉、生石灰和光合细菌等。

（4）日常观测　要坚持每天早、午、晚巡塘，观测水质变化和测量各种水质因子，检查虾活动和摄食情况，坚持对虾的体长、体重的测量工作并做好原始记录，发现问题及时处理。

4. 收获

应根据对虾的生长情况，市场行情，水温变化情况和最近的天气情况而定。

第六章　活鱼运输

内容提要： 影响运输成活率的主要因素；运输前的准备和运输器具；运输方法。

第一节　影响运输成活率的主要因素

影响活鱼运输成活率的因素是多方面的，它们互相联系、互相影响；活鱼运输必须考虑运输过程中会出现的一系列影响成活率的因素，并根据鱼类的要求及时采取措施，提高成活率。影响鱼类运输成活率的主要因素有：鱼体体质、水温、水质、运输密度，运输时间以及运输管理等一系列因素。

1. 鱼体体质种类

（1）**不同鱼类具有不同的生活习性**　如鲢鱼性情急躁、受惊即跃，并激烈挣扎，因此在运输时容易受伤，鲤鱼等性情温顺受惊不跳跃，运输时则不易受伤。运输过程中由于鱼体挣扎跳跃，加上汽车颠簸，大量消耗体力使鱼体较容易受伤。

（2）**鱼的个体大小**　同种鱼类，其大小不同，耗氧率也有差异，个体越小，单位体重的耗氧率越大。

（3）**鱼的体质及锻炼程度**　体质健壮的商品鱼及鱼种若在运输前不经过锻炼，其粪便排泄多、耗氧高，水质易恶化，而且这种鱼也不耐操作，容易受伤从而影响其成活率。相反预先经过锻炼的鱼，其肌肉、鳞片结实，肠道内粪便已排空，体表无多余的黏液，其代谢物少，耗氧率低，对恶劣水质忍耐力强，而且操作不易受伤，运输成活率则能明显提高。

2. 水温

水温是影响活鱼运输成活率的重要环境因素。水温高，鱼类活动频繁，运输过程中鱼往往跳跃，急剧挣扎和冲撞，既消耗体力又易于受伤，因此水温越高对运输越不利，降低水温是运输成功关键技术，运输水温过低，鱼体也容易冻伤，运输鲤科鱼类最适水温为 5~10℃。运输过程中水温不可急剧变化，运输从开始装鱼到运输结束放养时温差过大都会给成活率带来不利影响，所以温差最好不大于 4℃。

3. 水质

运输用水必须选择水质清新、含有机质和浮游生物少、微碱性不含有毒物质的水。井水往往含氧率较低，宜先注入水泥池中，停置 2~3 天或用充气泵增氧后使用；用自来水作为运输用水，必须先除水中余氯，去氯方法可采用：①将自来水放入水泥池放置 2~4 天水中余氯自然逸出后用；②用气泵向水中充气 24 小时后应用；③如需立即应用，可在水中加入硫代硫酸钠快速除氯。

在运输过程中，由于鱼类的不断呼吸排出二氧化碳，并在水中积累从而影响鱼类的生存。但在开放式的运输容器中，水中的二氧化碳会逸出水面，所以二氧化碳的积累不会大到危及鱼类的生存浓度，如果是封闭式的容器，二氧化碳无法向外扩散，由于运输时间的延长水中二氧化碳常会积累到很高浓度，从而引起鱼类死亡，对于封闭式运输活鱼，降低水中二氧化碳的排出是提高运输成活率的关键，为了防止发生高浓度的二氧化碳以及排泄物对鱼类的毒害，封闭式运输一般采用降低运输水温，在水中添加缓冲剂来调节水中pH 值，减少水中二氧化碳等有害物质的积累。

第二节　运输前的准备和运输器具

一、准备工作

1. 制订运输计划

运输前制订周密的运输计划，根据鱼的种类、大小、数量、运输季节、运输路途远近、道路状况等确定运输方法，安排交通工具。

2. 准备好运输器具

一切运输器具必须事先准备好，并经过检验与试用，发现有损坏或不足的，应及时修补、添置，同时应准备一定数量的备用器具。

运输器具常用的有塑料袋、橡胶袋、活鱼箱、氧气瓶等。

3. 人员配备

运输前必须做好人员的组织安排，包括起运目的地点及人员，均需分工负责，互相配合，从而保证运输顺利进行。

二、运输工具

1. 尼龙袋（聚乙烯薄膜袋）

有小型和大型两种。小型尼龙袋薄膜厚 0.015~0.18 毫米，规格 70 厘米×40 厘米，运输时多装入特制的硬纸箱内。小型尼龙袋充氧运输适用于初孵鱼苗（水花）至夏花鱼种（包括夏花鱼种）之间各种规格的鱼苗运输。运输大规格的 1 龄鱼种最好采用青贮袋改装的大型尼龙袋。

2. 简易集装箱

用 3~4 毫米厚的薄钢板焊接而成，装鱼口长宽为 50 厘米×50 厘米。箱的大小与载重汽车的货箱相当，高为 1~1.5 米。简易集装箱的充氧管从装鱼口进入箱内，充氧管可用塑料管，在浸于水中的部分用铁钉扎出小孔，浸在水中的充氧管被盘旋固定在箱

底，使氧气均匀地释放到水中，简易集装箱适用于长途运输鱼种和成鱼。

第三节　运输方法

1. 封闭运输

封闭式运输是将鱼和水置于密闭充氧的容器中进行运输。

2. 封闭式活鱼运输优缺点

(1) 优点　运输器具的体积小，运输方便。鱼在运输途中不易受伤，可提高运输成活率。

(2) 缺点　大规模运输成鱼和鱼种较困难。运输途中若发现漏气、漏水则比较麻烦，必须及时进行抢救。运输时间在常温下一般不得超过 30 小时。

3. 开放式运输

(1) 优点　简单易行。可随时检查鱼体活动情况，发现问题可及时抢救。可采取操作增氧措施，换水与原水温度差不超过 5℃。运输成本低，运输量大。

(2) 缺点　用水量大。操作劳累、劳动强度大。鱼体易受伤。装运密度比封闭式运输低。

4. 提高运输成活率的措施

(1) 运输前的准备　选择体质健壮的活鱼，做好鱼体锻炼工作。活鱼在运输前要停止投饵。通常在运输前对活鱼进行暂养或先行清肠，使其消化道内食物及粪便排空，以减少运输中对水体的污染，降低活鱼的代谢率。温水性鱼类如黄花鱼等在夏天只需 1 小时可完成清肠，冬天一般需要 3~5 天。

运输用水可以选择海水或淡水，但要注意与活鱼原生长环境的水体相一致。如运输淡水活鱼最好采用地下硬水，其具有缓解和平衡水中二氧化碳的作用。另外运输前装载量的确定既要考虑经济效益又要兼顾运输的安全系数。如所运输的活鱼体质好、耐缺氧的能力强，运输的距离近、气温低、运输条件较好，装载密度可以适当大些，通常活鱼与水之比为1:（1～3）。

（2）运输中的措施　①供氧。水中溶解氧有一定的极限，在运输中最大的问题是活鱼缺氧，一般温水性水产动物要求水中溶解氧至少保持在5毫克/升以上。因此，在运输时要设法供给氧气。供氧有如下措施：运输过程中要经常注入新水，新水的温度要适当，不能过高或过低，一般温差要小于5℃；另外，运输途中可携带增氧机或充气机，随时对水体进行增氧；也可向水中投放释氧药物如过氧化氢（H_2O_2）或硫酸铵［$(NH_4)_2SO_4$］，以增加水中的溶氧量；还可对容器进行适度的上下轻微振荡，通过对容器振荡产生水波，增大水与空气的接触面积从而增加水中的溶氧量；还可在水面上放置一羽状锯齿板，通过羽状板在水面的慢速回转增加水的振荡，提高水中的溶氧量。

②降低水温。大多数活鱼可以通过降低温度使其处于冬眠状态，降低新陈代谢率和耗氧量以提高运输的成活率。一般可以向容器中直接投入冰块、冰袋或蓄冷袋，也可将活鱼直接转移到低温冷库或冷却的水槽中，最好采用机械制冷装置来降低水体温度。但降低水温时要防止温度的急剧变化，因为水温突变，水产动物不能立即适应而容易发病。一般温水性鱼类运输水温范围为6～15℃，每次温度降低不超过5℃。

③添加盐类。活鱼在运输过程中容易发生撞击使表皮受损、体表黏液增多，这样活鱼渗透压不平衡，很容易患病。在运输过程中可在水体中加入氯化钠或氯化钙，添加量与水产品的种类和水体温度有关。氯化钠有助于使水产品"变硬"，减少体表黏液的形成。氯化钙可调节渗透压并抑制代谢的失调。

④麻醉。采用化学药物或物理方法对水产动物进行麻醉。化学药物主要是使用无毒或低毒的镇静药物对水产动物进行全身麻醉。

⑤水质处理。由于运输环境与原来的生活环境不同，这很易使水产动物过度紧张，身体的免疫力下降，疲劳过度而死。为改变运

输环境可以向水中加入一些光合细菌或硝化细菌，还可添加三羟甲基氨基甲烷、磷酸盐、沸石粉、活性炭等以保持良好水质。可在水中加入0.5%氯化钠或0.7毫克/升的硫酸钠或2 000～4 000个国际单位/升的青霉素，效果较好。

（3）运输后的处理 运到目的地后，把活鱼从容器中放入池中是整个运输过程中最为危险的步骤。活鱼经过运输中的应激，体力大量消耗，突然到达一个差异很大的环境往往导致生理上的不适应而大量死亡。所以，这时要注意将运输中的旧水同新水相混合，使活鱼逐渐适应新环境。在投放之前，还应注意池内的水质是否受到污染，观察有无不适宜放养的情况，以免造成不必要的损失。

第七章　鱼病防治

内容提要：如何诊断鱼病；鱼病预防方法；常见鱼病的治疗方法；渔药使用注意事项。

第一节　如何诊断鱼病

一、水产动物疾病及其原因

水产动物与所有生物一样，与环境和谐统一则健康成长，繁衍后代。当环境发生变化或因水产动物机体发生某些变化而不能适应环境，就会引起水产动物疾病，所以水产动物疾病是机体和外界环境因素相互作用的结果。

二、水产动物疾病的检查和诊断

随着水产业的发展，养殖的品种在不断地增加，疾病的发生越来越频繁，种类在不断增多。为了有效地防治疾病，除了进行正确的、认真的检查和诊断外，同时还必须对水体环境进行调查，才能对症下药，这是能否有效地防治疾病，减少损失的关键。一些简单的水产动物疾病，凭经验和调查分析，直接就可以作出判断，但一些复杂的疾病往往需要在调查的基础上，进行比较分析，才能找出真正的病原和导致发病的环境因素。

（一）现场调查

水是水产动物生存的环境条件，饵料是其生存的物质基础，水环境和饵料质量的好坏对水产动物的生长和健康有直接的影响。生产中除因病原体、敌害等的感染和侵袭引起发病死亡外，周围环境和水体的物理、化学状况的恶化等，对水产动物的影响也很重要。如投喂腐烂、变质和营养不平衡的饲料，也会导致水产动物各种营养缺乏症，甚至中毒致病而死亡。单纯对患病机体进行病原检查，在很大程度上会影响对疾病的正确诊断。因此，必须同时对患病机体生活的环境条件进行周密的现场调查。

（二）肉眼检查

在生产实践中，肉眼检查病体是诊断水产动物疾病的主要方法之一。因为寄生在水产动物体表或体内的病原体，一般都会引起患病部位产生一定的病变，这为疾病的诊断提供了依据。有许多症状和病变是可以凭肉眼观察而加以鉴别和确诊的。

检查病体时，对非寄生性鱼病、一些大型的寄生虫（如蠕虫、甲壳动物、钩介幼虫、体型较大的原生动物等）以及真菌（如水霉）等用肉眼就可以识别出来。而有些病原体（如病毒、细菌等），虽然无法用肉眼观察，但是不同种类的病原体所引起的症状有所差异，这些症状可为鱼病的诊断提供依据。在必要时和有条件的情况下，可在实验室进行病原微生物的分离鉴定、病理组织切片等来确诊。肉眼诊断水产动物疾病，对病体进行检查的部位主要包括体表、鳃和内脏（以肠为主）三部分。

（三）显微镜检查

有些鱼病的病原体肉眼难辨，并且若病鱼发生继发性感染，会造成鱼病病原的复杂性，因此诊断仅凭肉眼检查是不够的。除一些症状较单纯、明显，凭经验能准确目检诊断外，一般来说都有必要借助于显微镜、解剖镜、放大镜来检查诊断。

镜检一般是根据肉眼检查时所确定下来的病变部位进行的，在这个基础上，再进一步作全面检查。

（四）鱼病检查的注意事项

在鱼病的诊断过程中，要注意现场调查、目检和镜检三者的有机结合，根据经验和检查结果进行综合判断，为鱼病的防治提供科学的依据。在鱼病的检查中还应注意以下几方面的问题。

（1）鱼类死亡原因的分析思路　在进行现场调查时，如果发生暴发性的大批死鱼，一般依"急剧缺氧—农药或工业废水污染—暴发性流行性鱼病—人为投毒"的思路去分析鱼类的死亡原因。

（2）要用活的或刚死亡的鱼体检查　有许多疾病的症状在活的或刚死亡的鱼体上很明显，但死亡过久的鱼，各器官、组织腐烂变质，原来所表现的病症难以辨别。并且寄生在鱼体表或体内的病原体，常会随着鱼的死亡很快消亡。如果病鱼死亡时间较长，病原体往往改变性状，或完全崩解消失。因此，检查诊断鱼病时，要求用活的或刚死亡的鱼。

（3）要保持鱼体湿润　如果鱼体干燥，有些症状会变得不明显，甚至根本无法辨认；寄生在鱼体表的病原体，也会很快死去或崩解，无法诊断。因此，用做检查的病鱼不可让其暴露在空气中，应放在水桶里（最好用原池的水），或用湿布包裹。

（4）分离出鱼的内部器官，要保持器官的完整和湿润　当把各个器官取出时，要小心操作，不要把器官的外壁弄破，特别是肠、胆囊等，以防内含物和病原体外流，沾染其他器官，影响对疾病诊断的正确性。同时，要小心地把器官分离，分放在解剖盘内或其他干净的器皿内，并保持各个器官的湿润。

（5）用过的工具要清洗干净后再用　对某一条鱼，甚至同一条鱼的不同器官接触过的用具，要洗干净后才可在另一条鱼或另一个器官上去操作，这是为了避免解剖工具把病原体从一条鱼带到另一条鱼，或从一种器官带到另一种器官上，避免把病原体寄生部位搞错而影响对鱼病的正确诊断。

（6）一时无法诊断的疾病要保留标本　在检查过程中，对每个器官都要先用肉眼仔细观察，如发现有病原体，可用镊子或解剖针

第七章　鱼病防治

把它拣出，放到器皿内，并标明来自于哪一个器官；如果用肉眼无法判定，可用镜检；如果镜检仍然无法判定的，应把这部分组织保存起来，以便进一步做病理检查。

（五）鱼病的诊断

在现场调查、目检和镜检的基础上，对鱼病的原因进行综合分析，往往才能做出最后的准确诊断。在判明鱼病的原因时，除了症状很明显的以外，一般还应注意是由单一病因引起的还是由多种病因引起的，若是单纯感染，则病因明确；若是混合感染，则应根据病原体的种类、数量、部位等确定主要病因，只有找出了主要病因，有针对性地制定出有效的防治措施，对鱼病的治疗才会收到立竿见影的效果。

第二节　鱼病预防方法

随着经济发展，人们的生活水平不断提高，对于水产品的要求也在变化，不仅要求新鲜、味美，更注重食品的营养和安全。同时，对于发展水产养殖业可能使周围水域富营养化等环境问题，也日益受到大家的关注，毕竟我们的地球只有一个，不能断送了子孙后代的幸福。因此，这对于新时期的水产动物疾病的防治工作提出了更新、更高的要求，既要把鱼病防治工作做好，又不能以牺牲环境和人们的健康为代价，必须走社会、经济、环境协调的可持续发展的道路，必须走健康养殖的道路。

众所周知，水产动物终生生活在水中，疾病的防治工作有其特殊性。由于水产动物的活动情况不易察觉，当人们发现它们生病时，大多病情已经比较严重甚至于已经发生大量死亡了，这时再进行治疗往往效果不佳。并且大多采用群体给药的方法，因为个体给药工作量太大也易对机体造成损伤，个体给药多用于繁殖个体或经济价值高的个体。若是外用药全池泼洒，一来只适用于小水体，大水体用药量太大；二来对环境污染严重。若是用内服药治疗，食欲不佳或是失去食欲的个体，会由于没有吃到足够的药量，难以治愈。所以，在水产动物疾病的防治工作中积极进行预防，才是最有效和方便的方法。要有效预防水产动物疾病，可结合疾病产生的原因从以下三方面进行预防：改善并保持优良的水体环境、控制和消灭病原体和增强机体抗病力

一、改善并保持优良的水体环境

水环境的好坏直接影响着水产动物的生长和健康，改善水环境的状况并且尽力保持，是做好预防工作的关键。可从以下几方面着手。

（一）在设计和建造养殖场时应符合防病要求

（1）选址 应考虑当地的地质、水文、水质、气象、生物及社会条件等方面的情况。应选择水源充足、水的理化性质适合生长、不带病原体、周围没有污染源的地方。

（2）设计 应考虑水的循环利用，以节约和减少污染。并且要有蓄水池，每个池塘应该有独立的进、排水管，切记不可串联。因为一旦疾病发生，病原体会随着水体传播开来，难于控制。

（二）采用生物的方法改善水体环境

1. 水产动物、植物合理搭配混养，优化水体环境

俗话说"蟹大小，看水草"，可见种植水草对养殖河蟹的重要作用。水草首先可以作为河蟹的食物，提供多种营养物质；水草又能吸附水中有害物质，净化水质；水草可给河蟹提供蜕壳和遮阴的场所；有的水草还能分泌某些具有杀菌作用的物质等。

除此以外，还可利用生物的方法，科学搭配养殖品种，有效预防鱼病。池塘中的螺可能是多种寄生虫的中间寄主，若鱼类吞食了含有寄生虫的螺则会成为寄生虫的寄主，危害健康。所以常在池塘中混养些吃螺的鱼类，如青鱼等，以消灭池塘中的螺，可有效预防某些寄生虫病。还有一些寄生虫对于寄主有严格的选择性，如血居

吸虫有多种类型，不同种类的血居吸虫危害的鱼类不同，龙江血居吸虫危害鲢、鳙、鲫，鲂血居吸虫只危害团头鲂，大血居吸虫危害草鱼。因此，若池塘以前发生过血居吸虫病，则可以使用轮养的方法有效预防此病的再次流行。

2. 利用微生态制剂改善水质、保护水体环境

我国关于微生态制剂也有一定的研究，并且已有很多开发出的商品制剂。常见的微生态制剂主要有光合细菌、硝化细菌、芽孢杆菌等。微生态制剂不仅能够净化水质，有的还可给水产动物提供营养、改善其肠道微生态平衡从而增强免疫力等。

（三）采用物理、化学的方法改善水体环境

（1）清除池底过多淤泥　淤泥是病原体大量孳生和贮存的场所，并且淤泥分解要消耗大量的氧气，有时容易引起泛塘；在缺氧时，淤泥会分解出许多有害物质，危害水产动物健康。

（2）水质管理　养殖用水要经过沉淀、过滤、充分曝气后才可使用。

（3）增氧　在生长季节，晴天的中午开动增氧机，改善池水的溶解氧状况，有利于水产动物生长，减少疾病的发生。使用增氧剂，增加水中溶氧。

（4）改善水质　使用水质改良剂、底质改良剂，改善水质和底质。

（5）消毒　定期使用药物全池遍洒，消毒池水，杀灭病原体。

二、增强机体抗病力

这是搞好疾病防治工作的关键。当病原体入侵时，有的个体即使被感染，但是由于抵抗力强，侵入的病原体会很快消亡，不会造成疾病；而抵抗力弱的个体，则会成为病原体优良的"培养基"，可能将此病传播开来。因此增强机体的抗病力，从而减少或控制疾病的流行显得尤为重要。

1. 加强饲养管理

投喂营养、新鲜、不含病原体的饲料，若有条件可在饲料中添加微生态制剂，不仅可以增加营养物质，并且可以提高机体的免疫力，减少疾病的发生。加强饲养管理，投饵时要做到"四定"，即定时、定点、定质、定量。定量不是绝对的，而是相对的，投饵量要根据天气情况、吃食情况灵活调整。要及时清除残饵，以免破坏水质。经常巡塘，及时发现问题、解决问题。

2. 人工免疫

随着水产养殖业的发展，水产动物的疾病越来越多，并且多呈暴发性流行。用于治疗水产动物疾病的药物，大多来源于兽药，很少有专门为水产动物研发的，所以特效药很少，常常疾病晚期的治疗效果不佳。过去人们常用抗生素治疗鱼病，但是病原菌容易产生耐药性，最后可能加大药量也难有治疗效果。随之而来的药残问题也严重危害着人类健康。因此，免疫在水产动物疾病预防上的应用越来越受到人们的关注。

目前，我国已经有多种渔用疫苗的生产制剂，比如草鱼出血病疫苗、草鱼细菌性疾病"三联"（细菌性烂鳃病、肠炎病和赤皮病）疫苗等。这些疫苗不仅操作方便，预防效果也理想且稳定。常用的免疫方法有注射法、浸泡法和口服法等。

3. 培育抗病力强的品种

为了有效预防疾病，还可以从挑选抗病力强的品种出发。可以用到的方法较多，如最简单的就是根据水产动物患病恢复后可获得免疫性的原理，挑选发病后存活下来的鱼用于选育；也可用杂交、理化诱变、细胞融合和基因重组的技术培育优良的抗病品种。

三、控制和消灭病原体

要有效预防疾病，采取措施控制和消灭病原体不可忽视。主要方法有以下几种。

1. 严格执行检疫制度

目前我国水产品进出口检疫的疾病主要有病毒性出血性败血症、鲤春病毒血症、对虾杆状病毒病、鱼传染性造血器官坏死病、鱼鳃霉病、鲑传染性胰腺坏死病、鱼鳔炎症、鱼旋转病等。我国目前的检疫系统分布在全国的各个口岸，担负着繁重的检疫任务，在实验室建设和科研方面也有许多成果。今后对于检疫标准，还应不断完善和提高，并且严格执行，以防水产动物疾病的传播。

2. 彻底清塘

池塘水环境是水产动物栖息、生活的场所，也是病原体孳生和贮藏的地方。因此池塘环境的优劣，直接影响着水产动物的健康状况和生长情况。要彻底清塘，首先要清整池塘，清除过多淤泥；然后再用药物清塘，常用的药物有生石灰、漂白粉、二氯异氰尿酸钠等。

3. 机体消毒

即使健壮的水产动物，体表也难免有些病原体寄生。所以在消毒后的池塘中，若放入的水产动物未经消毒，就可能把病原体带入池中，等条件适宜，病原体大量繁殖，可能引发疾病。因此要切断疾病的传播途径，在分塘换池、运输前后、放养前都应该进行机体消毒。常采用药浴法，但要注意药浴使用的容器是否与药物有化学反应、药浴的浓度、时间要灵活掌握，操作过程中要细心避免水产动物受伤等。

4. 饲料消毒

为了保证水产动物的健康，所用的饲料要求清洁、新鲜、没有病原体，发霉、变质的饲料绝对不可以用。若使用水草、卤虫等喂养时，还需要消毒。

5. 工具消毒

养殖过程中的工具，容易成为疾病传播的媒介。为了避免工具把病原体从发病池塘带入到未发病的池塘，每次用后都应该严格消毒。

6. 食场消毒

食场内往往有残余的饵料，腐败后容易孳生大量病原体。尤其在水温较高、疾病流行季节更易发生。所以除了控制投饵量外，还应及时捞出残饵，疾病的流行季节在食场周围定期用药物消毒。

7. 疾病流行季节前的药物预防

大多数的疾病都有一定的流行季节，因此可以根据这个规律，在疾病流行季节到来前进行药物预防，可以有事半功倍的效果。

8. 消灭寄生虫的中间寄主或终末寄主

危害鱼类的寄生虫有的生活史较复杂，一生需要更换多个寄主，鱼类可能是其中间寄主或终末寄主。因此要预防这类疾病，必须从切断寄生虫的生活史出发。比如有些鸟类是鱼类寄生虫的终末寄主，虫体可能以鸟类的粪便传播到水体中进而侵袭鱼类；水体中的有些螺类是一些寄生虫的中间寄主，寄生虫的幼虫可能会从螺体中进入水体，再进入水产动物体内。因此要预防这些疾病，一定要赶走池塘周围的鸟类和消灭池塘中的螺类。

第三节 常见鱼病的治疗方法

水产动物的疾病多种多样，根据病原不同，可大致划分为由生物引起的疾病和由非生物引起的疾病两大类。由生物引起的疾病可分为微生物病、寄生虫病、有害生物引起的中毒和生物敌害等。其中微生物病和寄生虫病最为常见，危害最大。

一、微生物源性病

微生物源性病包括病毒、细菌、真菌和单胞藻类等病原体引发的疾病。

（一）病毒性疾病

病毒性疾病是由病毒感染水产动物引起的疾病。病毒（Virus）是一类体积极其微小、能通过滤菌器，含有一种类型核酸（DNA 或 RNA），只能在活细胞内生长增殖的非细胞形态的微生物。病毒颗粒非常小，用来计量病毒大小的单位为纳米，1 纳米 = 1/1 000 微米。病毒一般小于 150 纳米，只有用电子显微镜放大数千至数万倍才能看到。病毒主要由蛋白质和核酸组成。病毒病对水产动物造成的危害相当大，因为病毒寄生在宿主的细胞内，治疗非常困难，主要是进行预防。所以，病毒病是口岸检疫的重点，凡是携带有危害严重的病毒的水产动物，口岸一律不准输入和输出。

1. 草鱼出血病

（1）病原 该病病原体为草鱼呼肠孤病毒。病毒的个体极小，呈 20 面体对称的球形颗粒，在电子显微镜下才能看清。

（2）症状 病鱼体黑，离群独游，摄食减少甚至停止，对外界反应迟钝；主要症状是各器官、组织有不同程度的充血和出血。根据不同个体所表现出的症状和病理变化，大致可分为以下三种类型：

① "红肌肉" 型：撕开病鱼的皮肤或对准阳光或灯光透视鱼体，可见皮下肌肉充血；严重时肌肉均呈红色，一般在较小的草鱼种（体长为 7～10 厘米）较常见。

② "红鳍红鳃盖" 型：病鱼的鳃盖、鳍基部、头顶、口腔和眼眶等明显充血，一般在较大的草鱼种（体长为 13 厘米以上）上出现。

③ "肠炎" 型：病鱼肠道充血，常伴随松鳞、肌肉充血。各种规格的草鱼种都可见到。

（3）流行及危害 草鱼出血病是草鱼种培育阶段一种病毒性鱼病，其流行地区广、流行季节长、发病率高、死亡率高、危害性大。主要危害体长为 2.5～15 厘米的草鱼鱼种及 1 足龄的青鱼，有时 2 足龄以上的大草鱼也患病。流行水温为 20～33℃，最适流行水温为 27～30℃；但当水质恶化，水中总氮、有机氮、亚硝酸态氮和有机物耗氧量高，水中溶解氧低，透明度低，水温变化大，鱼体抵抗力低下，病毒的数量多及毒力强时，更易暴发。此病在湖广地区、江西、福建、江苏、浙江、安徽、上海、四川、重庆主要淡水鱼类养殖省、直辖市、自治区都有流行。该病可通过卵进行垂直传播，也可通过被污染的食物、水等进行水平传播。

（4）防治方法　注射草鱼出血病灭活疫苗；药物预防。目前国标渔药中用于预防鱼类出血病等病毒性疾病的药物有"清热散"等。

2. 病毒性出血性败血症

（1）病原　该病的病原为弹状病毒科中的艾特韦病毒，或称艾格特维德病毒。大小为（170～180）纳米×（60～70）纳米，含单链 RNA。此病毒对乙醚、氯仿、酸、碱敏感，对热不稳定，在 -20℃可保存数年。

（2）症状　该病的主要特征是出血，自然条件下本病潜伏期为 7～15 天，有的可长达 25 天。因症状缓、急及表现差异，可分为急性型、慢性型和神经型三种类型。①急性型：发病快，死亡率高。病鱼体黑，眼突，眼和眼眶四周以及口腔充血，鳃苍白或呈花斑状充血，肌肉和内脏有明显出血点，肝、肾水肿、变性和坏死。②慢性型：病程长，死亡率较低。除体黑、眼突外，鳃肿胀、苍白贫血，很少出血，肌肉和内脏可见出血。③神经型：发病率及死亡率低。病鱼表现为运动异常，有时静止不动，有时沉入水底，或旋转运动、狂游甚至跳出水面，剖检一般无肉眼可见病变。

（3）流行及危害　传染源是带病毒的鱼，病毒在水体中扩散传播，经鱼鳃侵入鱼体而感染，不能进行垂直传播。主要在低温季节危害虹鳟等各种鲑鳟鱼及少数非鲑科鱼。该病主要流行于欧洲，以冬末春初和水温6～12℃时为流行季节，水温上升到15℃以上，发病率降低。

（4）防治方法　目前尚无有效的治疗方法，主要是进行预防。严格执行检疫制度，加强综合预防；卵用碘制剂消毒；流行季节改养对此病抗病力强的品种。

3. 鲤春病毒血症

(1) **病原** 该病的病原为鲤弹状病毒，亦称鲤春病毒血症病毒。枪弹形，大小为（90～180）纳米×（60～90）纳米，有囊膜，为单股核糖核酸病毒。

(2) **症状** 本病潜伏期为 1～60 天。病鱼体色发黑，呼吸困难，运动失调（侧游，顺水漂流或游动异常）。腹部膨大，眼球突出，肛门红肿，皮肤和鳃渗血。消化道出血，腹腔内积有浆液性或带血的腹水。心、肾、鳔、肌肉出血及炎症，尤以鳔的内壁最常见。

(3) **流行及危害** 传染源为死鱼、带病毒的鱼，可通过水传播，可能从鳃、肠侵入；也可能垂直传播；鲺和蛭可能是传播媒介。主要危害 1 龄以上的成鲤，以种鲤最严重。流行于每年春季（水温为13～20℃），水温超过 22℃ 就不再发病，鲤春病毒血症由此得名。本病在欧、亚两洲均有流行，发病后存活的鱼很难再感染，是鱼类口岸检疫的第一类检疫对象。

(4) **防治方法** 以防为主。综合预防，严格执行检疫制度，要求水源、引入饲养的鱼卵和鱼体不带病毒；发现患病鱼或疑似患病鱼必须销毁，养鱼设施要消毒；水温提高到 22℃ 以上，适当稀养；选育抗病力强的鱼种；注射灭活疫苗。

（二）细菌性疾病

细菌性疾病是由于细菌感染引起水产动物发生病理变化、甚至死亡的疾病。细菌是一种具有细胞壁的单细胞生物，属于原生动物中的原核细胞，仅具有原始的核，但没有核膜和核仁，也缺乏细胞器。水产动物细菌性疾病种类较多，但主要是由革兰氏阴性菌引起的，对水产养殖危害严重，是养殖过程中最常遇到，不容忽视的疾病。

1. 细菌性败血症

(1) **病原** 多种，有嗜水气单胞菌、温和气单胞菌、鲁氏耶尔森菌、豚鼠气单胞菌等。主要为嗜水气单胞菌，短杆菌，无芽孢，无荚膜。

（2）**症状** 病鱼上下颌、口腔、鳃盖、眼睛、鳍基、鱼体两侧等部位轻度充血；严重时，体表严重充血或出血；眼突，肛门红肿，有腹水；肝、脾、肾、胆囊肿大；肝、肾、鳃色淡，脾紫黑色；肠内无食物，多黏液。有的竖鳞，鳃丝末端腐烂，肌肉充血，鳔壁充血。由于病程长短、疾病的发展阶段、鱼的种类、年龄、病原菌数量及毒力等的不同，该病的病程表现呈多样化。

（3）**流行及危害** 全国范围内危害所有水产养殖品种，从鱼种到成鱼均可感染，鲫、鲢、鲤、鳊、草鱼、青鱼、鳗鲡等受害最为严重。每年 2 月底至 11 月均有发生，水温为 9～36℃时流行，水温为 25～28℃时，受伤个体最易发病。

（4）**防治方法** 严格检疫，选育健康优质的苗种，做好消毒工作，多投优质饲料增强抗病力；疾病的流行季节做好预防工作。治疗时要先杀灭体外寄生虫，再用外泼消毒药和内服药饵相结合的方法杀灭水体中及鱼体内外的病原菌。

2. 细菌性烂鳃病

（1）**病原** 病原为柱状嗜纤维菌，革兰氏染色阴性，杆状，0.5微米×（4～48）微米；显微镜下可见，菌体无鞭毛，常做滑行运动或摇晃摆动。

（2）**症状** 病鱼体黑（头部最明显），缓游，迟钝，呼吸困难，少食；严重时，离群独游，无反应，停食。鳍条的边缘色泽变淡，俗称"镶边"。鳃盖内表面皮肤充血发炎，中间部常糜烂成一个圆形或不规则形的透明小窗，即"开天窗"。鳃上黏液增多，鳃丝末端肿胀，呈"花鳃"状，严重时鳃小片坏死、脱落，鳃丝末端缺损，鳃丝软骨外露，呈"扫帚状"；鳃片上有大量黏液并混带着污泥和杂物。由于鳃组织受到破坏，致使鱼呼吸困难，引起死亡。

（3）**流行及危害** 主要危害草鱼、青鱼及其他海鱼和淡水鱼，从苗种到成鱼，危害严重。近来，在名特优鱼的养殖中，如鳗鲡、鳜、淡水白鲳、加州鲈、斑点叉尾鮰等多有因烂鳃病而引起大批死亡的病例。传染源为带菌鱼、被污染的水及塘泥，鱼体与病原菌直接接触即感染，在鳃受损（寄生虫寄生、机械损伤）后特易感染。该病于6—9月份流行，流行水温为15~30℃，水温越高越易流行，致死时间越短。本病常与赤皮病和细菌性肠炎病并发。

（4）防治方法 预防措施：彻底清塘消毒等；全池外泼含氯消毒剂；在饲料中加入内服药，连喂3~5天。

3. 细菌性肠炎病

（1）病原 病原菌为点状产气单胞杆菌，革兰氏阴性，极端单鞭毛，无芽孢，含有内毒素。

（2）症状 病鱼离群独游，缓游，鱼体发黑，少食或不食；腹部膨大，呈现红斑，肛门红肿突出；提起病鱼头部，有淡黄色黏液从肛门流出；剖开肠管，肠壁充血发炎，肠腔内没有食物或只在肠的后段有少量粪便，肠内多淡黄色黏液，肠壁弹性差。

（3）流行及危害 主要危害草鱼、青鱼，从鱼种到成鱼均可受害。水温在18℃以上流行，水温25~30℃为流行高峰。每年5—6月份，多危害1~2龄草鱼、青鱼；8—9月份，常危害当年草鱼种。该病在全国各养鱼地区均有发现，常和细菌性烂鳃病、赤皮病并发。饲料因素往往是重要的诱因。

（4）防治方法 池塘消毒；内服药物治疗。

4. 赤皮病

（1）病原 该病病原为荧光假单胞菌。菌体短杆状，大小为（0.7~0.75）微米×（0.4~0.45）微米，单个或2个相连。

（2）症状 病鱼体表出血发炎，鳞片脱落，鱼体两侧及腹部尤为多见；鳍或鳍基充血；鳍末端腐烂，鳍条间的软组织常被破坏，使鳍条呈扫帚状，即蛀鳍；体表病灶处常继发水霉；有时上下颌及鳃盖也充血发炎，开天窗。

（3）流行及危害 危害多种淡水鱼，草鱼、青鱼常见此病，鲤、鲫、金鱼有时也被感染，鱼种和成鱼均易感染。全国范围内，此病一年四季流行，以3—11月份为甚。该细菌为条件致病菌，受伤后鱼体易感染，被污染的水体、工具及带菌鱼为传播媒介。常与细菌性肠炎病、细菌性烂鳃病并发。

（4）**防治方法** 预防措施：对鱼池进行彻底清塘、消毒；并在捕捞、搬运和放养过程中，细心操作，防止鱼体受伤；发现受伤，立即全池遍洒消毒药。

5. 打印病

（1）**病原** 病原为点状气单胞菌点状亚种。菌体呈短杆状，革兰氏阴性，多是两个相连，少数单个；极端单鞭毛，无芽孢。

（2）**症状** 病鱼身体后半部有一印章似的红斑或溃疡，像在鱼体表加盖了红色印章，故叫打印病；病灶处皮肤出血、发炎，坏死、溃烂，鳞片脱落，露出真皮和肌肉；病情严重的可露出骨骼和内脏。

（3）**流行及危害** 为条件致病菌，当鱼体受伤时易感。主要危害鲢、鳙的亲鱼和成鱼，草鱼、青鱼等多种淡水鱼也可感染。全国范围内全年可见，流行于夏、秋季节，发病率高、但死亡率低，多影响生长、性腺发育和商品价值。

（4）**防治方法** 预防措施：在发病季节，消毒池水；在气温较高季节，经常加注新水或注射药物进行治疗。

6. 疖病

（1）**病原** 该病病原为疖疮型点状产气单胞杆菌，属弧菌科。革兰氏阴性短杆菌，单个或两个相连，极端单鞭毛，无芽孢。

（2）**症状** 鱼体病灶部位皮下肌肉组织长脓疮（溃烂），隆起红肿，用手摸有浮肿的感觉。脓疮内部充满脓液，周围的皮肤和肌肉发炎充血，严重时肠也充血。

（3）**流行及危害** 一般来说，高龄鱼有易患疖疮病的倾向。主要危害青鱼、草鱼、鲤和团头鲂。没有明显的发病季节，一年四季均有发生。

（4）**防治方法** 预防措施：彻底清塘消毒。

（三）**真菌性疾病**

水产动物由于真菌感染而引发的疾病，叫水产动物真菌病。真菌是具有细胞壁的单细胞或多细胞的真核生物。危害水产动物的主

要有水霉、棉霉、鳃霉、鱼醉菌、链壶菌等。真菌不仅危害水产动物的幼体及成鱼，且危及卵。目前治疗方法不理想，主要进行预防和早期治疗。有些种类是口岸检疫的对象。

1. 水霉病

（1）病原 水霉科、水霉属和棉霉属的一些种类。菌体为没有横隔、有分支、多核透明的丝状体。

（2）症状 患病早期，肉眼不见任何异样。到了后期，水产动物体表长出菌丝，似灰白色棉毛状，又名"白毛病"；内菌丝分泌蛋白分解酶，分解宿主蛋白质，刺激分泌大量黏液，使其焦躁不安，在池边摩擦、缓游、少食、瘦弱而死。受精卵在孵化时，内菌丝侵入卵膜内，纵横交错，肉眼可见，故名"卵丝"病；外菌丝长于卵外呈放射状，故又名"太阳籽"。

（3）流行及危害 是一种世界性的疾病，全国各地的淡水水域均有发现。流行水温范围很广，一年四季可见，在 5～26℃ 均有发现，13～18℃ 为流行高峰。感染各种淡水鱼、虾、蟹及鳖，从卵到成鱼均可受到感染。在春季投放鱼种后、鱼的孵化季节尤其是阴雨绵绵的天气极易暴发并迅速蔓延，造成大批鱼种和鱼卵的死亡。

（4）防治方法 ①鱼体水霉病的预防措施：用药物彻底清塘，杀死孢子；避免鱼体受伤；若鱼体受伤，则使用药物消毒体表和水体。发病后，可使用药物消毒水体和体表，还可在亲鱼患处涂抹药膏或注射药物进行治疗，严重者可配合内服药物进行。②鱼卵水霉病的预防措施：加强亲鱼培育，提高受精率；选择晴天孵化；产卵池、孵化用具彻底消毒；发现死卵及感染有水霉的鱼卵应及时剔除。治疗可使用外用消毒剂。

2. 鳃霉病

（1）病原 鳃霉。

（2）症状 患病鱼不吃食，呼吸困难，在岸边缓游；鳃上黏液增多，呈"花鳃"状，严重时鳃高度贫血呈青灰色。

（3）流行及危害 我国流行于广东、广西、江苏、浙江、湖北、辽宁等地区。对鳃霉敏感的鱼类有草鱼、青鱼、鲮（鱼苗）、鳙、黄颡鱼等。通过孢子与鳃直接接触感染；特别在水质恶化、有机物质含量高的水体易暴发流行，造成大批死亡。5—10 月份流行，其中5—7 月份是流行高峰。

（4）防治方法　目前尚无有效治疗方法。只有通过以下环节进行预防：清除过多淤泥，药物彻底清塘；严格执行检疫制度；加强饲养管理，投喂营养优质的饲料，保持水质优良。

二、寄生虫病

寄生虫病包括原生动物、单殖吸虫、复殖吸虫、线虫、棘头虫和甲壳动物等引起的疾病。各种不同种类的寄生虫有不同的结构特征、运动特点和生活特性，寄生在水产动物不同的部位，带来的危害也不同。下面具体介绍各种类别的寄生虫寄生而引发的疾病特点及防治方法。

（一）原虫病

寄生的原生动物常称作原虫。原虫是动物界中最原始的低等生物，分布广，种类多。原虫为单细胞真核生物，整个虫体虽由一个细胞构成，但具有多种功能，如运动、消化、排泄、呼吸、感觉、生殖等。由原生动物寄生而引起的水产动物疾病称水产动物原虫病。鱼类的各组织器官均可遭原虫感染，如少量寄生时，一般危害不大，但当严重感染时，影响鱼的生长发育，甚至可在短期内造成死亡，尤其对鱼苗、鱼种和观赏鱼类的危害较大。

寄生于淡水水产动物的原虫，主要有鞭毛虫、肉足虫、孢子虫和纤毛虫四大类。它们的主要区别在于形态结构不同、运动胞器及运动方式不同、寄生的部位及危害也不同。

1. 隐鞭虫病

（1）病原　该病病原为鳃隐鞭虫和颤动隐鞭虫。

（2）症状　病鱼活力下降，缓游，少食，鱼体消瘦发黑。严重时，鳃组织受损，分泌大量黏液，并引起溶血，病鱼呼吸困难，窒

息死亡。

（3）**流行及危害**　该病的宿主广泛，池塘养殖的各种鱼类一般都可被隐鞭虫感染，其中主要危害草鱼种，甚至造成死亡。流行于夏季。

（4）**防治方法**　彻底清淤，使用药物严格消毒，杀灭水体及鱼体中的病原体。

2. 锥体虫病

（1）**病原**　由锥体虫寄生在血液中而引起的鱼病。我国已发现的锥体虫有 20 余种，如青鱼锥体虫、鲢锥体虫等。虫体呈狭长的叶片状，从后部的基粒中长出 1 根鞭毛，沿着身体组成波动膜，至前端游离为鞭毛。

（2）**症状**　少量寄生时影响不大。严重寄生时病鱼表现为贫血、消瘦，红细胞数减少，血红蛋白和血浆蛋白的含量降低，一般不会引起大量死亡，但是易继发其他疾病引起死亡。

（3）**流行及危害**　该病在我国分布较广，淡水鱼类都可感染，一年四季都可发生，但主要流行于 6—8 月份，水蛭是其重要的传播媒介。

（4）**防治方法**　杀灭水蛭。可用盐水或其他药物浸洗病鱼。

3. 内变形虫病

（1）**病原**　鲩内变形虫。在其整个生活史中分营养体、胞囊前期和胞囊期。营养体有伪足，运动活跃；当营养体遇到不良环境时，伪足消失，体积变小，身体逐渐变圆，不活动也不摄食，为胞囊前期；接着虫体本身分泌一层薄膜，把身体包住，形成胞囊。

（2）**症状**　营养体能分泌溶组织酶，溶解肠壁组织，并借其伪足的活动而侵入肠壁，破坏周围组织，形成溃疡。其着生部位主要在距肛门 6～10 厘米的直肠附近。病情严重的鱼，后肠形成溃疡，由于肠黏膜组织遭到破坏，充血发炎，轻压腹部即出现乳黄色黏液，这些情况与细菌性肠炎相似，但肛门不发红。

（3）**流行及危害**　鱼吞食被胞囊污染的食物而感染。主要危害草鱼，从体长 10 厘米到成鱼均可感染，夏秋两季流行，尤以 6—7 月份为甚。长江下游及西江流域各养鱼地区都有发生，广东、广西尤为多见。常与细菌性肠炎一起并发，或与六鞭毛虫、肠袋虫同时存在。

（4）防治方法　水体使用药物彻底消毒可有效预防。

4. 饼形碘泡虫病

（1）病原　饼形碘泡虫。孢子的纵轴小于横轴；有 2 个大小相等的卵圆形极囊，呈"八"字排列；1 个嗜碘泡。

（2）症状　主要寄生在草鱼的肠壁（前肠固有膜和黏膜下层），形成白色胞囊。病鱼消瘦，腹部膨大，前肠增粗，肠壁组织糜烂；有的寄生在脊椎，可引起鱼体弯曲；也有报道寄生于鲤苗种肌肉内，形成白色胞囊，使鱼体表高低不平，生长缓慢，甚至死亡。

（3）流行及危害　5—7 月份为流行季节；主要危害草鱼、鲤鱼苗。大量感染时，造成病鱼暴发性大批死亡。体长为 10 厘米以上的草鱼，其感染率和感染强度大幅度下降，一般不会导致严重危害。

5. 斜管虫病

（1）病原　鲤斜管虫。虫体腹面观呈卵圆形，左边稍直，右边略弯，左边有 9 条纤毛线，右边有 7 条。虫体后方有一圆形或椭圆形的大核与小核。寄生在淡水鱼体表及鳃上。

（2）症状　虫体寄生后，引起寄生部位黏液分泌亢进，功能降低。寄生数量少时，无明显症状；大量寄生时，病鱼体瘦发黑，有大量黏液，鱼体常与实物摩擦，导致表皮发炎、坏死脱落，最后呼吸困难而死。水温适合时，该虫体可大量繁殖，2～3 天内造成水产动物大批死亡。在鱼种、鱼苗阶段特别严重。产卵池中的亲鱼也会因大量寄生而影响生殖机能，甚至死亡。

（3）流行及危害　危害各种温水性和冷水性淡水鱼，如草鱼、青鱼、鲢、鳙、罗非鱼、鲮、鲤、胡子鲇等，主要危害鱼苗、鱼种。全国各地均有流行，虫体的最适繁殖温度为 12～18℃，具有耐寒性，该病流行于春、秋两季，3—5 月份为流行高峰期。也是北方地区越冬后期的严重疾病之一。

（4）防治方法 彻底清塘，使用药物消毒可有效防治。

6. 车轮虫病

（1）病原 车轮虫。已报道的车轮虫有200多种，寄生于我国淡水鱼类的有20多种，寄生于海水鱼类的有70余种。它们广泛寄生于各种鱼类，能引起车轮虫病的有10多种。虫体像毡帽或菜碟。

（2）症状 严重时，寄生处黏液增多，缓游，病鱼呼吸困难而死。

（3）流行及危害 全国范围内都有发生。寄生于多种淡水鱼、咸淡水鱼及海水鱼的鳃、体表、鼻腔、膀胱及输尿管内，主要危害鱼苗、鱼种，草鱼、鲮、胡子鲇等常被大量感染而造成大批死亡。车轮虫感染养殖鱼类，终年可见，但虫体的最适繁殖温度为20～28℃，流行季节为4—7月份。

（4）防治方法 加强饲养管理，保持优良水质，增强鱼体抗病力；彻底清塘；疾病流行季节或发病后使用药物消毒。

7. 小瓜虫病

（1）病原 又称白点病。病原为多子小瓜虫。成虫卵圆形或球形，虫体很软，可任意变形，全身密布短而均匀的纤毛。

（2）症状 虫体寄生在鱼的体表、鳍条、鳃上，形成不足1毫米的小白点。严重时，躯干、头、鳍、鳃、口腔等处都布满小白点，同时伴有大量黏液，表皮糜烂、脱落，甚至蛀鳍、瞎眼；病鱼体色发黑，消瘦，游动异常，将鱼体与固体物摩擦，最后呼吸困难而死。

（3）流行及危害 小瓜虫病是一种世界性鱼病；对鱼的种类及年龄无严格选择性，主要危害淡水鱼的鱼种；分布广，尤以不流动和小水体、高密度养殖的幼鱼及观赏性鱼类最为严重；虫体的繁殖适温为15～25℃，流行于春（3—5月份）、秋（10—11月份）季，会出现鱼种暴亡现象。当水质恶化、养殖密度过高、鱼抵抗力低下时，冬季、盛夏也可发生。借助胞囊及幼虫传播。

（4）防治方法 清除池底过多淤泥，并用药物消毒；加强饲养管理，保持良好环境，增强鱼体抗病力；鱼下塘前抽检，使用药物消毒。

（二）蠕虫病

寄生于鱼类的蠕虫分属于扁形动物门、线形动物门和环节动物门等。其中对鱼类危害较大的是扁形动物门、线形动物门的一些种类。

1. 指环虫病

（1）病原　病原为指环虫。种类众多，危害众多鱼类，但有选择性，不同的种类危害不同鱼类。如鳃片指环虫，主要寄生在草鱼的鳃、皮肤和鳍上，鳙指环虫寄生在鳙的鳃上，小鞘指环虫寄生在鲢的鳃上，坏鳃指环虫寄生在鲤、鲫和金鱼的鳃上。

（2）症状　指环虫寄生于鱼鳃时，少量不明显；大量寄生可引起鳃丝肿胀，贫血，呈花鳃状；鳃上有大量黏液，病鱼呼吸困难，游动缓慢，鳃盖张开，窒息而死。稚鱼期尤为明显。

（3）流行及危害　该病国内外均有发生，危害各种淡水鱼，尤其是苗种。大量感染引起发病的，主要是草鱼、鳙的鱼苗鱼种。该病靠虫卵和幼虫传播，其繁殖适宜温度为 20～25℃，流行于春末夏初。

（4）防治方法　清除池底过多淤泥，并用药物消毒；鱼种下塘前或患病后用药物浸泡消毒，严重者还可配合口服药物治疗。

2. 三代虫病

（1）病原　病原为三代虫。三代虫雌雄同体，胎生，常三代同体。常见的有鲩三代虫、秀丽三代虫、鲢三代虫等。

（2）症状　三代虫主要寄生于鱼体外表及鳃上。大量寄生时，刺激鱼体分泌大量黏液，严重时鳃丝肿胀，粘连，鳃丝上出现斑点状淤血。病鱼食欲减退，游动缓慢，呼吸困难而死。

（3）流行及危害　草鱼、鲢、鲤、鲮、金鱼、胡子鲇都有感染，主要危害鱼苗、鱼种。全国范围可见，尤其在湖北、广东流行。虫体繁殖的适宜水温为20℃左右，故春末夏初是该病的主要流行季节。

（4）**防治方法**　清淤，并用药物彻底消毒；鱼种下塘前或患病后用药物浸泡消毒。

3. **血居吸虫病**

（1）**病原**　病原为血居吸虫。血居吸虫种类较多，常见的有：龙江血居吸虫，危害鲢、鳙、鲫；鲂血居吸虫，危害团头鲂；大血居吸虫，危害草鱼。鱼类为其终末寄主，淡水螺为其中间寄主。

（2）**症状**　有急性和慢性之分。当水中尾蚴密度较高，短期内有多个尾蚴钻入鱼苗体内，则呈急性型。病鱼跳跃、挣扎，在水面急游打转，或悬浮于水面"呃水"，鳃肿胀、鳃盖张开，肛门口起水泡，全身红肿，鳃及体表黏液分泌增多，不久即死。当尾蚴少量、分散地钻入鱼体，感染呈慢性。尾蚴在鱼体的心脏和动脉球内发育为成虫，虫卵随血液循环被带到肝、脾、肾、肠系膜、肌肉、脑、鳃等处。只有在鳃上的虫卵可发育孵出幼虫，引起出血和鳃组织损伤；被带到其他组织的虫卵，外包多层结缔组织，数量多时可引起血管被堵，组织受损。严重时可引起病鱼贫血、腹腔积水、肛门肿大突出、竖鳞、眼球突出。鱼逐渐衰竭而死。

（3）**流行及危害**　该病为世界性的疾病，欧洲、美洲、非洲、亚洲等都有引起病鱼大批死亡的报道，危害 100 多种淡水、海水鱼类，几天之内可造成大批苗种死亡。在我国草鱼、青鱼、鲢、鳙、鲤、鲫、团头鲂等均可被感染，对寄主有严格的选择性，主要危害鲢、鳙及鲤鱼的鱼苗。流行于夏季。

（4）**防治方法**　预防可彻底清塘，杀灭中间寄主；诱捕螺类；混养吃螺的鱼类；可根据血居吸虫对宿主鱼选择的特异性，进行轮养；流行季节，全池遍洒药物杀灭尾蚴。治疗时则要内服药饵和外用消毒药相结合才能杀灭体内和水体中的虫体。

（三）甲壳动物疾病

由甲壳动物寄生引起的疾病叫甲壳动物病。甲壳动物属于节肢动物门、甲壳纲。甲壳动物体外具一层几丁质的外骨骼；身体分节，分为头、胸、腹；雌雄异体。绝大多数甲壳动物生活在水中，多数对人类有利，部分有害，如寄生在淡水鱼体上，会影响其生长及性腺发育、甚至引起死亡。尤其危害苗种。常寄生在鱼体上的甲壳类动物主要有桡足类（鳋）、鳃尾类（鲺）、等足类（鱼怪）等。

1. 中华鳋病

（1）病原 病原体为中华鳋。虫体头部呈三角形或半卵形，头部有 6 对附肢。雌虫幼虫和雄虫终生营自由生活，雌虫成虫营寄生生活。寄生部位在鳃丝末端内侧。雌虫用大钩钩在草鱼的鳃上，大量寄生时，鳃上像挂着许多白色小蛆，故名鳃蛆病。

（2）症状 中华鳋以第二触角插入鳃丝，造成损伤，引起鳃组织发炎，坏死，影响呼吸功能，出现呼吸困难。鲢中华鳋寄生于鲢、鳙鳃上，病鱼在水面打转或狂游，尾鳍上叶露出水面，俗称翘尾巴病。大中华鳋寄生于草鱼鳃上时，肉眼可见白色蛆样虫体悬挂于鳃丝上，俗称鳃蛆病。中华鳋的寄生部位易并发细菌性疾病。

（3）流行及危害 全国范围内，一年四季均有流行。可危害各种淡水鱼类。大中华鳋主要危害 2 龄以上的草鱼，流行于 5—9 月份；鲢中华鳋主要危害鲢、鳙，流行于 6—7 月份。大量寄生可引起死亡。

（4）防治方法 彻底清塘，杀灭虫卵及幼虫；鱼种下塘前药浴；发病后使用药物全池泼洒。

2. 锚头鳋病

（1）病原 病原为锚头鳋。寄生在鱼的鳃、皮肤、鳍、眼、口腔、头部等处。我国发现的有十多种，其中危害较大的有多态锚头鳋、鲤锚头鳋和草鱼锚头鳋。

（2）症状 虫体以其头角和一部分胸部深深地钻入鱼体肌肉组织或鳞片下，造成组织损伤、发炎、溃疡，导致水霉、细菌的继发感染。虫体以血液和体液为食，夺取宿主营养，病鱼表现为焦躁不安，消瘦，甚至大批死亡。若寄生在口腔，可使病鱼口不能闭合，摄食困难，饥饿而死。若寄生在鳞片上，鳞片会被蛀成缺刻。

（3）流行及危害 该病在全国各地均有发现，虫体最适繁殖水

温为 15～23℃，对淡水鱼类各龄鱼都可危害，其中对鱼种危害最大。

（4）防治方法 全池泼洒或药浴可进行预防和治疗。

3．鲺病

（1）病原 病原是鲺。虫体背腹扁平，呈椭圆形或圆形，活体时颜色与寄主体色相近。营寄生生活。常见的有日本鲺、中华鲺、大鲺等。

（2）症状 寄生于鱼的皮肤、鳍、口腔等处，虫体吸食血液；爬行对鱼体产生很大刺激（腹面有倒生的小刺），由于大颚的撕咬、口刺的刺伤，使鱼体形成许多伤口，伤口出血、发炎，引起细菌感染。鲺取食时分泌的毒液对鱼体的刺激，造成病鱼不安，急剧狂游跳跃；病鱼食欲下降，鱼体消瘦，易并发白皮病、赤皮病，引起鱼种的大批死亡。

（3）流行及危害 该病主要发生于富营养化的水体，主要危害鱼种。江苏、浙江一带流行于 4—10 月份，长江流域流行于 6—8 月份；对寄主的年龄无选择性，1 龄以上的主要影响生长，不引起死亡。

（4）防治方法 全池遍洒药物以杀灭虫体。发病时注意工具消毒，避免传播。

三、非寄生性疾病

凡是由机械的、物理的、化学的以及非寄生性生物引起的疾病，叫作非寄生性疾病。这些病因有的可单独引起水产动物发病，有的由多个共同刺激水产动物，当这些刺激达到一定强度时引起水产动物发病。非寄生性疾病也能造成水产动物养殖业的巨大损失。

1．机械损伤

当水产动物受到严重损伤时，即可引起大量死亡。有时损伤虽然不严重，但是损伤后容易继发微生物或寄生虫病，也可造成水产动物的大量死亡。

（1）病因 压伤、碰伤、擦伤和强烈振荡。

（2）防治方法　加强饲养管理，尽量杜绝损伤。及时诊断病情，正确处理病鱼。

2. 感冒和冻伤

（1）病因　温度剧烈改变，或长期处于低水温状态下。

（2）症状　病鱼皮肤失去原有光泽，颜色变淡，体表黏液分泌增多，甚至发生休克和死亡。

（3）防治方法　在搬运水产动物时，苗种的温差应小于2℃，成体的温差应小于5℃；对于不耐低温的品种，在温度降低前应移入温室饲养。

3. 窒息

（1）病因　窒息又叫泛池或翻塘，是由于水中缺氧而引起的。在放养密度过大、投饲或施肥过量、天气闷热、气压低、池水上下对流、池底腐殖质分解加快的情况下容易发病。

（2）症状　出现浮头，长期缺氧可致贫血，生长缓慢，下颌突出。

（3）防治方法　清除池底过多淤泥；适量施肥，避免水质过肥，保持良好水质；掌握放养密度及搭配比例；严格按照"四定"投喂饵料，天气不好时减少投喂量；加强巡塘，科学使用增氧机；发现浮头，可立刻加注新水、使用增氧机或增氧剂。

4. 气泡病

是指由于水体中某些气体达到过饱和状态而引起的疾病。

（1）病因　水温突然升高，施放了未发酵的粪肥；底质分解释放大量甲烷、硫化氢等气体；氧气的过饱和等。

（2）症状　鱼的体表和体内出现气泡，身体失去平衡，尾向下，头向上，时游时停，不久因体力消耗，衰竭而死。

（3）防治方法　针对发病原因，避免水中气体过饱和。发现鱼已患气泡病，可加注溶解气体在饱和度以下的清水；或将患病个体移入清水中。

5. 跑马病

(1) 病因 鱼苗缺乏适口饵料所引起；有时池塘漏水也会引起。

(2) 症状 鱼苗成群围绕池塘狂游，像"跑马"一样，长时间不停止，鱼苗由于大量消耗体力，鱼体消瘦，大批死亡。

(3) 防治方法 鱼苗放养不可过密；鱼池不能漏水；投喂饵料应适口适量。

6. 萎瘪病

(1) 病因 放养过密，饲料缺乏，鱼长期挨饿造成的。

(2) 症状 病鱼身体极度瘦弱，头大身小，背部薄如刀刃。

(3) 防治方法 掌握放养密度，加强饲养管理，投放足够饵料。发现患病，应立即采取措施，增加营养。

7. 营养不良病

在高密度养殖的情况下，天然饵料较少，人工配合饲料配制营养全面，才能保证水产动物的健康和迅速的生长。否则某种营养成分缺乏或过多时，都会影响鱼的健康和生长，严重时便会导致发病、甚至死亡。若饵料中蛋白质不足或所含必需氨基酸不完全、配比不合理，会使养殖鱼类生长缓慢；饲料中碳水化合物含量过高，易引起内脏脂肪积累，妨碍其正常机能；饲料中的脂肪为高熔点脂肪时，养殖动物容易患脂肪性肝病；饲料中脂肪被氧化后，会产生有毒物质，危害鱼类健康；饲料中缺乏维生素和矿物质，也会影响水产动物的正常生长及健康。因此，最适合的饲料应该含有适量的蛋白质、脂肪、糖类、矿物质和维生素等营养成分，并且要搭配适当。

8. 微囊藻引起的中毒

(1) 病因 池中微囊藻大量繁殖，其死后蛋白质分解产生羟胺、硫化氢等有毒物质。

(2) 症状 在水面形成一层翠绿色的水华。

(3) 防治方法 池塘进行清淤和消毒；保持良好水质，可以控制微囊藻繁殖；清晨藻体上浮时可以捞除；泼洒药物杀灭微囊藻。

9. 一些甲藻引起的中毒

(1) 病因　主要是多甲藻及裸甲藻的一些种类大量繁殖引起的。

(2) 防治方法　发现甲藻大量繁殖时，立刻换水，抑制甲藻繁殖；也可用药物进行杀灭。

10. 三毛金藻引起的中毒

(1) 病因　三毛金藻大量繁殖，产生大量鱼毒素、细胞毒素、溶血毒素和神经毒素等，引起水产动物中毒死亡。

(2) 症状　中毒初期，鱼焦躁不安，呼吸频率加快，急游；不久后反应迟钝；随着中毒时间延长，自胸鳍以后的鱼体麻痹、僵直、体表充血；最后失去平衡而死。

(3) 防治方法　定期向水体施肥，增加水中氨含量；全池遍洒黏土泥浆水可吸附毒素；全池遍洒铵盐类药物，可使三毛金藻解体、死亡。

第四节　渔药使用注意事项

一、了解药物性能，选择有效的用药方法

在使用一种药物防治一种疾病时，可能药物是对症的，使用方法也正确，但如果不注意药物本身的理化性质，就可能出现异常或者失效。例如，漂白粉，当保管不善时，由于在空气中易潮解而失去有效氯，从而在使用时无效。又如高锰酸钾、双氧水等，只能现用现配。对于同一水体中同时养殖几个不同的种类，即所谓混养的情况下，使用药物时不仅要注意对患病种类的安全性，同时也要考虑选择的药物对未患病种类是否安全。如鱼类与虾或蟹混养，当鱼患寄生鲴病时，便不能使用敌百虫等有机磷农药全池遍泼；应选用其他药物或将鱼起捕用浸浴法。如用敌百虫全池遍泼，就会造成虾、蟹中毒而死。在选择药物时，还要注意多次使用同一种药物，会导

致病原菌的耐药性的问题。如果对病原菌进行药物感受性试验，在疾病的治疗初期只注重选用病原菌最敏感的药物，就可能随着病原菌对药物产生耐药性而无法再获得有效的治疗药物。因此，为了避免这种现象的出现，在使用药物治疗水生动物的疾病之前，除依据药物敏感性测定结果选择药物之外，还应该根据药物的种类和特性，决定药物的使用顺序。

根据不同的给药方法，在使用药物时应注意以下几点：①对不易溶解的药物应充分溶解后，均匀地全池泼洒。②室外泼洒药物一般在晴天上午进行，因为用药后便于观察，光敏感药物则在傍晚进行。③泼药时一般不投喂饲料，最好先喂饲后泼药；泼药应从上风处向下风处泼，以保障操作人员安全。④池塘缺氧，鱼浮头时不应泼药，因为容易引起死鱼事故；如鱼池设有增氧机，泼药后最好适时开动增氧机。⑤鱼塘泼药后一般不应再人为干扰，如拉网操作、增放苗等，应待病情好转并稳定后进行。⑥投喂药饵和悬挂法用药前应停食 1～2 天，使养殖动物处于饥饿状态下，其急于摄食药饵或进入药物悬挂区内摄食。⑦投喂药物饲料时，每次的投喂量应考虑同水体中可能摄食饲料的混养品种，投饲量要适中，避免剩余。⑧浸浴法用药，捕捞患病动物时应谨慎操作，尽可能避免患病动物受损伤，对浸浴时间应视水温、患病体忍受度等灵活掌握。⑨注射用药，应先配制好注射药物和消毒剂，注射用具也应预先消毒，注射药物时要准确、快速、勿使病鱼受伤。⑩在使用毒性较大的药物时，要注意安全，避免人、畜、鱼中毒。使用药物后，在养殖动物上市前，要严格遵守休药期规定。

二、注意药物相互作用，避免配伍禁忌

在水产养殖过程中，注意渔药在使用过程中的配伍禁忌，对于正确用药、提高疗效、减少毒副作用、降低用药成本等十分重要。

如果在同一发病水体中同时使用两种以上的药物，可能出现以下几种情况：①拮抗作用——两种药物的作用互相抵消或减弱，对

要治疗的某种疾病根本无效或效果差；②协同作用——作用相加或相乘，使药效大大增强；③无关系——两种药物同时使用时各自的药效不受影响。

由于渔药是近年来才从化学药物、医药、兽药中筛选出使用于渔业的，而且所有"鱼"的特性又都是生活在水中的变温动物，缺乏药理、药效等方面的研究，因此必须注意药物的相互作用。其配伍禁忌应注意两个方面：①避免药理性禁忌，即配伍的疗效降低，甚至相互抵消或增加其毒性。如刚使用环境保护剂——沸石的鱼池不应在短期内（1～2天）使用其他药物，因为沸石的吸附性易使药效降低。又如在刚施放生石灰的池塘不宜马上使用敌百虫，因为两者在水中作用后，可以提高毒性；②理化性禁忌，主要应注意酸碱药物的配伍问题，例如，四环素族（盐酸盐）与青霉素钠（钾）配伍，可使后者分解，生成青霉素酸析出。

三、了解养殖环境，合理施放药物量

防治疾病，一般以一个池塘、网箱作为水体单位。池塘理化因子，如 pH 值、溶解氧、盐度、硬度、水温等；生物因子，如浮游植物、浮游动物、底栖生物的数量和密度等，以及池塘的面积、形状、水的深浅和底质状况等，都对药物的作用有一定的影响，另外，对养殖的种类、放养的密度等都要详尽地了解。施药量正确与否，是决定疗效的关键之一，药量少，达不到防治目的；药量多，容易导致鱼中毒死亡。因此，必须在了解养殖环境的基础上，正确地测量池塘面积和水深，计算出全池需要的药量或比较准确地估算出池中放养种类的数量和体重，计算所投喂药饵的量，这样才能安全又有效地发挥药物的作用。

四、注意不同养殖种类、年龄和生长阶段的差异性

近年来除养殖草鱼、青鱼、鲢鱼、鳙鱼、鲤鱼、鲫鱼、鳊鱼等传统淡水鱼类外，海水鱼、虾、贝、蟹、藻类及海淡水名、特、珍

稀动物养殖发展迅速，新的种类不断增加，这些养殖种类和品种常发生疾病。因此，在使用药物防治其疾病时，必须考虑是否适用和使用多大的剂量。不同养殖种类或品种，在其不同的年龄和生长阶段也是有差异的。如鲈鱼、真鲷、淡水白鲳、鳜等比鲤科鱼类对敌百虫较敏感；斑节对虾幼体比其成体对季铵盐类消毒剂敏感。

参考文献

曹克驹. 2004. 名特水产动物养殖学. 北京：中国农业出版社.

陈昌福. 2005. 特种水产的集约化养殖. 合肥：安徽科学技术出版社.

侯永清. 2009. 鱼类营养与饲料配方技术. 北京：化学工业出版社.

黄朝禧. 2005. 产养殖工程学. 北京：中国农业出版社.

黄琪琰. 2004. 水产动物疾病学. 上海：上海科学技术出版社.

黄琪琰. 1992. 鱼病防治实用技术. 北京：农业出版社.

贾敬德，白遗胜. 1989. 鱼苗的繁殖和培育. 北京：农业出版社.

雷慧僧. 1981. 池塘养鱼学. 上海：上海科学技术出版社.

雷衍之. 2004. 养殖水环境化学. 北京：中国农业出版社.

李爱杰. 1996. 水产动物营养与饲料学. 北京：中国农业出版社.

李联满. 2008. 特种鱼类养殖全书. 成都：四川科学技术出版社.

李林春. 2007. 鱼类养殖生物学. 北京：中国农业科学技术出版社.

林浩然. 1999. 鱼类生理学. 广州：广东高等教育出版社.

刘焕亮. 2000. 水产养殖学概论. 青岛：青岛出版社.

刘建康. 1992. 中国淡水鱼类养殖学. 北京：科学出版社.

刘健康，何碧梧. 1992. 中国淡水鱼类养殖学. 北京：科学出版社.

罗继伦. 1997. 名特优水产品养殖技术. 哈尔滨：黑龙江科学技术出版社.

孟庆闻. 1989. 鱼类学. 上海：上海科学技术出版社.

史为良. 1996. 内陆水域鱼类增殖与养殖学. 北京：农业出版社.

宋才建. 1985. 鱼苗鱼种的培育与运输. 北京：农业出版社.

孙大力. 1997. 池塘养殖新技术. 哈尔滨：黑龙江科学技术出版社.

王凯雄. 2001. 水化学. 北京：化学工业出版社.

王武. 1991. 池塘养鱼高产技术. 北京：农业出版社.

王武. 2000. 鱼类增养殖学. 北京：农业出版社.

吴宗文. 1995. 特种水产养殖实用技术. 北京：中国农业出版社.

吴遵霖. 1990. 鱼类营养与配合饲料. 北京：农业出版社.

杨先乐. 2001. 特种水产动物疾病的诊断与防治. 北京：中国农业出版社.

杨先乐. 2005. 新编渔药手册. 北京：中国农业出版社.

殷名称. 1995. 鱼类生态学. 北京：中国农业出版社.

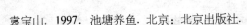

袁宝山. 1997. 池塘养鱼. 北京：北京出版社.

袁清林. 1992. 水产养殖技术. 北京：中国环境科学出版社.

赵明森. 1991. 特种水产品养殖. 南京：江苏科学技术出版社.

郑枝修. 1979. 水产养殖（上、下册）. 徐氏基金会出版.

中国标准出版社第一编辑室. 2003. 无公害食品标准汇编·水产品卷. 北京：
　　中国标准出版社.

中国科学技术协会. 2009. 水产学学科发展报告. 北京：中国科学技术出
　　版社.

中国科学技术协会. 2007. 水产学学科发展报告. 北京：中国科学技术出
　　版社.

朱学宝，施正峰. 1995. 中国鱼池生态学研究. 上海：上海科技出版社.

海洋出版社水产养殖类图书目录

书 名	作 者
水产养殖新技术推广指导用书	
黄鳝、泥鳅高效生态养殖新技术	马达文 主编
翘嘴鲌高效生态养殖新技术	马达文 王卫民 主编
斑点叉尾鲴高效生态养殖新技术	马达文 主编
鳗鲡高效生态养殖新技术	王奇欣 主编
淡水珍珠高效生态养殖新技术	李家乐 李应森 主编
鲟鱼高效生态养殖新技术	杨德国 主编
乌鳢高效生态养殖新技术	肖光明 主编
河蟹高效生态养殖新技术	周 刚 主编
青虾高效生态养殖新技术	龚培培 邹宏海 主编
淡水小龙虾高效生态养殖新技术	唐建清 主编
海水蟹类高效生态养殖新技术	归从时 主编
南美白对虾高效生态养殖新技术	李卓佳 主编
日本对虾高效生态养殖新技术	翁 雄 宋盛宪 何建国 等 编著
扇贝高效生态养殖新技术	杨爱国 王春生 林建国 编著
小水体养殖	赵 刚 周 剑 林 珏 主编
水生动物疾病与安全用药手册	李 清 编著
全国水产养殖主推技术	钱银龙 主编
全国水产养殖主推品种	钱银龙 主编
水产养殖系列丛书	
黄鳝养殖致富新技术与实例	王太新 著
泥鳅养殖致富新技术与实例	王太新 编著
淡水小龙虾（克氏原螯虾）健康养殖实用新技术	梁宗林 孙骥 陈士海 编著
罗非鱼健康养殖实用新技术	朱华平 卢迈新 黄樟翰 编著
河蟹健康养殖实用新技术	郑忠明 李晓东 陆开宏 等 编著

黄颡鱼健康养殖实用新技术	刘寒文 雷传松 编著
香鱼健康养殖实用新技术	李明云 著
淡水优良新品种健康养殖大全	付佩胜 轩子群 刘芳 等 编著
鲍健康养殖实用新技术	李霞 王琦 刘明清 等 编著
鲑鳟、鲟鱼健康养殖实用新技术	毛洪顺 主编
金鲳鱼（卵形鲳鲹）工厂化育苗与规模化快速养殖技术	古群红 宋盛宪 梁国平 编著
刺参健康增养殖实用新技术	常亚青 于金海 马悦欣 编著
对虾健康养殖实用新技术	宋盛宪 李色东 翁雄 等 编著
半滑舌鳎健康养殖实用新技术	田相利 张美昭 张志勇 等 编著
海参健康养殖技术（第2版）	于东祥 孙慧玲 陈四清 等 编著
海水工厂化高效养殖体系构建工程技术	曲克明 杜守恩 编著
饲料用虫养殖新技术与高效应用实例	王太新 编著
龟鳖高效养殖技术图解与实例	章剑 著
石蛙高效养殖新技术与实例	徐鹏飞 叶再圆 编著
泥鳅高效养殖技术图解与实例	王太新 编著
黄鳝高效养殖技术图解与实例	土太新 著
淡水小龙虾高效养殖技术图解与实例	陈昌福 陈萱编 著
龟鳖病害防治黄金手册	章 剑 王保良 著
海水养殖鱼类疾病与防治手册	战文斌 绳秀珍 编著
淡水养殖鱼类疾病与防治手册	陈昌福 陈萱编 著
对虾健康养殖问答（第2版）	徐实怀 宋盛宪 编著
河蟹高效生态养殖问答与图解	李应森 王武 编著
王太新黄鳝养殖100问	王太新 著